国外优秀数学著作
原版系列

代数、生物信息和机器人技术的算法问题
——第四卷，独立恒等式系统（俄文）

[俄罗斯]弗拉基米尔·波波夫 著

哈尔滨工业大学出版社
HARBIN INSTITUTE OF TECHNOLOGY PRESS

黑版贸审字 08-2020-058 号

图书在版编目(CIP)数据

代数、生物信息和机器人技术的算法问题. 第四卷, 独立恒等式系统:俄文/(俄罗斯)弗拉基米尔·波波夫著. —哈尔滨:哈尔滨工业大学出版社,2020. 8

ISBN 978-7-5603-8987-5

Ⅰ. ①代…　Ⅱ. ①弗…　Ⅲ. ①代数-算法-俄文 ②生物信息-算法-俄文 ③机器人技术-算法-俄文　Ⅳ. ①O15 ②Q811.4 ③TP24

中国版本图书馆 CIP 数据核字(2020)第 146465 号

策划编辑　刘培杰
责任编辑　杜莹雪　李　欣
封面设计　孙茵艾
出版发行　哈尔滨工业大学出版社
社　　址　哈尔滨市南岗区复华四道街 10 号　邮编 150006
传　　真　0451-86414749
网　　址　http://hitpress.hit.edu.cn
印　　刷　哈尔滨圣铂印刷有限公司
开　　本　880 mm×1230 mm　1/32　印张 8.75　字数 241 千字
版　　次　2020 年 8 月第 1 版　2020 年 8 月第 1 次印刷
书　　号　ISBN 978-7-5603-8987-5
定　　价　118.00 元

Оглавление

Введение

Серия книг с общим названием "Алгоритмические проблемы алгебры, биоинформатики и робототехники" посвящена систематическому изложению алгоритмических проблем алгебры, биоинформатики и робототехники, в котором за основу взято наличие общности комбинаторных идей в трех рассматриваемых областях. При глубоком изучении алгоритмических проблем и методов их решения естественным образом приходит понимание того, что нас окружают строки данных, комбинаторные схемы. Их природа достаточно универсальна. Она несущественно зависит от природы изучаемых объектов. Хотя примеры подобной универсальности еще достаточно редки, а прослеживаемые связи - сравнительно слабы, поиск комбинаторных закономерностей при решении алгоритмических проблем, относящихся к различным областям знаний, представляет значительный интерес. Именно это является причиной написания серии книг под общим названием "Алгоритмические проблемы алгебры, биоинформатики и робототехники".

Представленные в этой серии книги являются, вообще говоря, независимыми. Они имеют самостоятельный интерес для специалистов из соответствующих областей. Однако основная ценность серии в том, что в рамках единого текста изложены алгоритмические проблемы из разных областей знания, прослежены обозначившиеся на сегодняшний день связи и переходы. Эта серия книг может послужить хорошим фундаментом для дальнейшего поиска общих комбинаторных закономерностей. Возможно, прочитав эту серию, специалисты по теории полугрупп заинтересуются робототехникой или специалисты в области биоинформатики проявят интерес к алгебре...

Значительная часть материала книг серии основана на результатах докторской диссертации “Алгоритмические проблемы для многообразий полугрупп, моноидов, групп и колец”, защищенной автором в 2002 году в Институте Математики и Механики Уральского отделения РАН в г. Екатеринбурге. Также в книгах серии представлены результаты последующих исследований автора. Существенная часть материала книг серии представляет собой результаты новых, ранее не публиковавшихся исследований. Результаты, представленные в серии книг, ранее рассматривались в работах [1] - [174].

Книга “Алгоритмические проблемы алгебры, биоинформатики и робототехники. Независимость систем тождеств” является четвертой в серии. Основное внимание в книге уделено вопросам, связанным с независимостью отдельных систем тождеств. В частности, доказывается, что не существует алгоритма, определяющего по произвольной конечной [бесконечной рекурсивной] системе тождеств полугрупп [групп, колец], будет ли она независима. Отметим, что подобные постановки в последние годы получили не только чисто теоретическую, но и весьма важную практическую интерпретацию. В полугрупповой модели робототехнического комплекса равенство слов в полугруппе соответствует эквивалентности конфигураций робототехнического комплекса. Сооветственно, тождество позволяет задавать массовую эквивалентность конфигураций. Использование тождеств дает возможность значительно сокращать описания робототехнических комплексов, отодвигая комбинаторный взрыв. В этом контексте исследование независимости систем тождеств дает важный инструмент для оптимизации описаний робототехнических комплексов. Отметим, что значительная часть материала книги публикуется впервые.

1 Независимость систем тождеств групп, колец и полугрупп

Заметим, что из существования независимого базиса у того или иного многообразия, вообще говоря, не следует очевидный способ для его построения. Более того, даже располагая эффективно заданным независимым базисом, мы можем этого просто "не заметить поскольку справедлива следующая теорема.

Теорема 1 . *Не существует алгоритма, определяющего по произвольной конечной [бесконечной рекурсивной] системе тождеств полугрупп [групп, колец], будет ли она независима.*

В связи с результатом теоремы 1 естественно возникает вопрос.

Вопрос 1. *Существует ли алгоритм, определяющего по произвольной конечной [бесконечной рекурсивной] системе тождеств моноидов, будет ли она независима?*

§1. Независимость конечных систем тождеств колец

В этом параграфе мы рассмотрим доказательство теоремы 1 для конечной системы кольцевых тождеств. Введем ряд обозначений. Пусть $\mathcal{K}$ - некоторое, не обязательно ассоциативное кольцо,

$$a_1, a_2, \ldots, a_{n-1}, a_n \in \mathcal{K}.$$

Определим левонормированное произведение

$$a_1 a_2 \ldots a_{n-1} a_n$$

индукцией по n, полагая

$$a_1 a_2 \ldots a_{n-1} a_n = (a_1 a_2 \ldots a_{n-1}) a_n$$

при $n > 1$. При $n = 1$ имеем просто a_1. Более того, полагаем

$$a_1 \underbrace{a_2 \ldots a_2}_{m} = a_1 {a_2}^m,$$

b^0 - пустой символ для любого символа b. Пусть

$$X = \{x_1, x_2, \ldots, x_n, \ldots\} -$$

некоторое счетное множество, Γ - свободный группоид с множеством свободных образующих X. Обозначим через F свободное кольцо, базисом которого, как $\mathbb{Z}$-модуля, является множество Γ. Определим линейные отображения A, B, C, D, Q_i, где $i \in \{0, 1, \ldots, m\}$, переводящие элементы декартова произведения $F \times F$ в элементы кольца F, полагая:

$$A(y,x) = ((x(((x(yx))x)x))x),$$

$$B(y,x) = ((x((((x(yx))x)x)x))x),$$

$$C(y,x) = ((x(((((x(yx))x)x)x)x))x),$$

$$D(y,x) = ((x((((((x(yx))x)x)x)x)x))x),$$

$$Q_i(y,x) = ((x(\ldots(x(yx))x\ldots x))x).$$

В последнее выражение x входит $i+10$ раз. Пусть W - множество функций

$$\{A, B, C, D, Q_i \mid i \in \{0, \ldots, m\}\}.$$

Если

$$Y_1 = Y_1(x,y),$$

$$Y_2 = Y_2(x,y),$$

$$\ldots$$

$$Y_{n-1} = Y_{n-1}(x,y),$$

$$Y_n = Y_n(x,y) -$$

являются некоторыми из введенных выше отображений, то суперпозицию этих отображений вида

$$Y_2(Y_1(z_1, z_2), z_3)$$

будем обозначать через

$$Y_1(z_1, z_2)Y_2(z_3),$$

распространяя это обозначение индукцией по n, полагая

$$Y_n(Y_1(z_1, z_2)Y_2(z_3)\dots Y_{n-1}(z_n), z_{n+1}) =$$

$$Y_1(z_1, z_2)Y_2(z_3)\dots Y_{n-1}(z_n)Y_n(z_{n+1}).$$

Кроме того, считаем, что

$$X(z_1, z_2)Y^n(z_3) =$$

$$X(z_1, z_2)\underbrace{Y(z_3)\dots Y(z_3)}_{n}.$$

Пусть $\mathfrak{R}$ - многообразие всех метабелевых колец характеристики 2; $F\mathfrak{R}$ - кольцо, свободное в многообразии $\mathfrak{R}$ и имеющее счетное множество свободных образующих

$$\{,_1, \dots,_n, \dots\}.$$

Считаем, что y^0 - пустой символ для любого символа y.

Пусть $\mathfrak{B}$ - многообразие колец, заданное тождествами

$$A(y, x)B(x) = B(y, x)A(x),$$

$$A(y, x)D(x) = D(y, x)A(x),$$

$$B(y, x)C(x) = C(y, x)B(x),$$

$$C(y, x)D(x) = D(y, x)C(x).$$

Произвольной команде

$$q_i\delta_1\delta_2 \to q_j\epsilon_1\epsilon_2$$

машины $\mathbb{M}$ сопоставим в соответствии со следующей таблицей некоторое кольцевое тождество

δ_1	δ_2	ТОЖДЕСТВО
1	1	$Q_i(x,x)C(x)D(x) =$ $Q_j(x,x)A^{\epsilon_1}(x)B^{\epsilon_2}(x)C(x)D(x)$
1	0	$Q_i(x,x)A(x)D(x) =$ $Q_j(x,x)A^{\epsilon_1+1}(x)B^{\epsilon_2}(x)D(x)$
0	1	$Q_i(x,x)B(x)C(x) =$ $Q_j(x,x)A^{\epsilon_1}(x)B^{\epsilon_2+1}(x)C(x)$
0	0	$Q_i(x,x)A(x)B(x) =$ $Q_j(x,x)A^{\epsilon_1+1}(x)B^{\epsilon_2+1}(x)$

Пусть $\mathfrak{M}$ - многообразие колец, заданное тождествами, кодирующими команды машины $\mathbb{M}$; $\mathfrak{X} = \mathfrak{B} \cap \mathfrak{M} \cap \mathfrak{R}$. Рассмотрим рекурсивное семейство многообразий $\{\mathfrak{X}_n \mid n \in \mathbb{N}\}$, где

$$\mathfrak{X}_n = \mathfrak{X} \cap \mathrm{var}\{Q_1(x,x)A^{2^n}(x)C(x)D(x) =$$

$$Q_0(x,x)A(x)C(x)D(x)\}.$$

Систему тождеств, задающую многообразие $\mathfrak{X}_n$, будем обозначать через Σ_n. В результате получим рекурсивное семейство конечных систем кольцевых тождеств $\{\Sigma_n \mid n \in \mathbb{N}\}$. Обозначим через $F\mathfrak{B}$, $F\mathfrak{M}$, $F\mathfrak{X}$, $F\mathfrak{X}_n$, $F\mathfrak{B}\cap\mathfrak{M}$ кольца счетного ранга, свободные в многообразиях $\mathfrak{B}$, $\mathfrak{M}$, $\mathfrak{X}$, $\mathfrak{X}_n$, $\mathfrak{B}\cap\mathfrak{M}$, соответственно. Для удобства свободные образующие колец $F\mathfrak{B}$, $F\mathfrak{M}$, $F\mathfrak{X}$, $F\mathfrak{X}_n$, $F\mathfrak{B}\cap\mathfrak{M}$ будем обозначать теми же буквами, что и образующие кольца $F\mathfrak{R}$.

Очевидно, что для доказательства теоремы достаточно показать, что не существует алгоритма, определяющего по произвольному натуральному числу n будет ли система тождеств Σ_n независима. Покажем, что система тождеств Σ_n независима тогда и только тогда, когда $n \notin \mathcal{P}$. Заметим, что в многообразии $\mathfrak{X}$ тождество

$$Q_1(x,x)A^{2^n}(x)C(x)D(x) =$$

$$Q_0(x,x)A(x)C(x)D(x)$$

выполняется тогда и только тогда, когда $n \in \mathcal{P}$. Отсюда непосредственно вытекает, что если $n \in \mathcal{P}$, то система тождеств Σ_n зависима, в частности, из этой системы тождеств можно исключить тождество

$$Q_1(x,x)A^{2^n}(x)C(x)D(x) =$$

$$Q_0(x,x)A(x)C(x)D(x).$$

Поэтому в дальнейшем мы будем рассматривать только случай, когда $n \notin \mathcal{P}$.

Предположим, что система тождеств Σ_n зависима. Тогда из этой системы можно исключить какое-либо тождество, при этом мы должны получить систему Σ'_n, задающую то же самое многообразие, что и система тождеств Σ_n. Поскольку тождество

$$Q_1(x,x)A^{2^n}(x)C(x)D(x) =$$

$$Q_0(x,x)A(x)C(x)D(x)$$

выполняется в многообразии $\mathfrak{X}$ тогда и только тогда, когда $n \in \mathcal{P}$, если

$$\Sigma'_n = \Sigma_n \backslash \{Q_1(x,x)A^{2^n}(x)C(x)D(x) =$$

$$Q_0(x,x)A(x)C(x)D(x)\},$$

то многообразия $\mathrm{var}\{\Sigma'_n\}$ и $\mathrm{var}\{\Sigma_n\}$ различны, поскольку тождество

$$Q_1(x,x)A^{2^n}(x)C(x)D(x) =$$

$$Q_0(x,x)A(x)C(x)D(x)$$

по определению принадлежит системе тождеств Σ_n, а в многообразии $\mathrm{var}\{\Sigma'_n\}$ это тождество не выполняется.

Заметим, что нижняя степень произвольного тождества системы $\Sigma'_n = \Sigma_n \backslash \{2x = 0\}$ больше 1. Поэтому тождество $2x = 0$ не выводимо из системы тождеств Σ'_n.

Если $\Sigma'_n = \Sigma_n \backslash \{(xy)(zt) = 0\}$, то единственным тождеством системы Σ'_n, нижняя степень которого меньше 5, будет тождество $2x = 0$. Следовательно тождество $(xy)(zt) = 0$ выводимо из системы тождеств Σ'_n тогда и только тогда, когда оно выводимо из системы тождеств $\{2x = 0\}$. Непосредственная проверка позволяет убедиться в том, что тождество $(xy)(zt) = 0$ не выводимо из системы $\{2x = 0\}$, а значит не выводимо и из системы Σ'_n.

Рассмотрим теперь случай, когда

$$\Sigma'_n = \Sigma_n \backslash \{A(y,x)B(x) = B(y,x)A(x)\}.$$

Легко понять, что тождество $A(y,x)B(x) = B(y,x)A(x)$ выводимо из системы тождеств Σ'_n тогда и только тогда, когда оно выводимо из системы тождеств

$$\Sigma''_n = \{ \quad 2x = 0,$$

$$(xy)(zt) = 0,$$

$$A(y,x)D(x) = D(y,x)A(x),$$

$$B(y,x)C(x) = C(y,x)B(x),$$

$$C(y,x)D(x) = D(y,x)C(x)\}.$$

Пусть $\mathfrak{X}'$ - многообразие, заданное системой тождеств Σ''_n. Предположим, что тождество

$$A(y,x)B(x) = B(y,x)A(x)$$

выводимо из системы тождеств Σ''_n. Тогда многообразие $\mathfrak{X}'$ должно удовлетворять этому тождеству. Обозначим через $F\mathfrak{X}'$ кольцо счетного ранга, свободное в многообразии $\mathfrak{X}'$. Заметим, что многообразие $\mathfrak{X}'$ удовлетворяет тождеству

$$A(y,x)B(x) = B(y,x)A(x)$$

тогда и только тогда, когда этому тождеству удовлетворяет кольцо $F\mathfrak{X}'$. В кольце $F\mathfrak{X}'$ тождество

$$A(y,x)B(x) = B(y,x)A(x)$$

выполняется тогда и только тогда, когда в этом кольце выполняется соотношение

$$A(e_2,e_1)B(e_1) = B(e_2,e_1)A(e_1).$$

Обозначим через S множество многочленов $f(e)$, таких что $f(\vec{e}) = 0$ - соотношение в кольце $F\mathfrak{X}'$, полученное из одного из тождеств системы

$$\{A(y,x)D(x) = D(y,x)A(x),$$

$$B(y,x)C(x) = C(y,x)B(x),$$

$$C(y,x)D(x) = D(y,x)C(x)\}$$

подстановкой вместо переменных конкретных элементов кольца $F\mathfrak{X}'$. Пусть I - идеал кольца $F\mathfrak{R}$, порожденный множеством S. Тогда очевидно, что соотношение

$$A(e_2,e_1)B(e_1) = B(e_2,e_1)A(e_1)$$

выполняется в $F\mathfrak{X}'$ тогда и только тогда, когда многочлен

$$A(e_2, e_1)B(e_1) + B(e_2, e_1)A(e_1)$$

является элементом идеала I. Из соотношения

$$A(e_2, e_1)B(e_1) + B(e_2, e_1)A(e_1) \in I$$

вытекает, что в кольце $F\mathfrak{R}$ выполняется равенство

$$A(e_2, e_1)B(e_1) + B(e_2, e_1)A(e_1) = \sum_{i,j} u_{i1}h_j u_{i2},$$

где $h_j \in S$, $u_{i1}h_j u_{i2}$ - некоторое произведение многочленов, имеющее вид

$$u_{i_1}^{(1)} \dots u_{i_1}^{(k)} h_j u_{i_2}^{(1)} \dots u_{i_2}^{(l)}$$

с некоторым расположением скобок. В силу дистрибутивности, можно считать, что все многочлены, входящие в $u_{i1}h_j u_{i2}$, за исключением h_j, являются одночленами. Несложно убедиться в том, что для любых i и j многочлен $u_{i1}h_j u_{i2}$ имеет вид

$$u_{i1}(w_1(y, e_1)w_2(e_1) + w_2(y, e_1)w_1(e_1))u_{i2}$$

для некоторого одночлена y и

$$\{w_1, w_2\} \in \{\{A, D\}, \{B, C\}, \{C, D\}\}.$$

Следовательно произвольный одночлен многочлена

$$\sum_{i,j} u_{i1}h_j u_{i2}$$

содержит подслово вида $w_1(y, e_1)w_2(e_1)$, где

$$\{w_1, w_2\} \in \{\{A, D\}, \{B, C\}, \{C, D\}\}.$$

Отсюда вытекает, что произвольный одночлен многочлена

$$\sum_{i,j} u_{i1}h_j u_{i2}$$

содержит одно из следующих двух подслов: $C(y, e_1)$, $D(y, e_1)$. Допустим, что слово $A(e_2, e_1)B(e_1)$ содержит подслово $C(y, e_1)$ или подслово $D(y, e_1)$. Заметим, что длина слов $C(y, e_1)$ и $D(y, e_1)$ не меньше 9. Отсюда вытекает, что в кольце $F\mathfrak{R}$ должно выполняться одно из следующих 12 равенств:

$$C(y, e_1) = (e_1((((e_1(A(e_2, e_1)e_1))e_1)e_1)e_1))e_1,$$

$$C(y, e_1) = e_1((((e_1(A(e_2, e_1)e_1))e_1)e_1)e_1),$$

$$C(y, e_1) = (((e_1(A(e_2, e_1)e_1))e_1)e_1)e_1,$$

$$C(y, e_1) = ((e_1(A(e_2, e_1)e_1))e_1)e_1,$$

$$C(y, e_1) = (e_1(A(e_2, e_1)e_1))e_1,$$

$$C(y, e_1) = e_1(A(e_2, e_1)e_1),$$

$$D(y, e_1) = (e_1((((e_1(A(e_2, e_1)e_1))e_1)e_1)e_1))e_1,$$

$$D(y, e_1) = e_1((((e_1(A(e_2, e_1)e_1))e_1)e_1)e_1),$$

$$D(y, e_1) = (((e_1(A(e_2, e_1)e_1))e_1)e_1)e_1,$$

$$D(y, e_1) = ((e_1(A(e_2, e_1)e_1))e_1)e_1,$$

$$D(y, e_1) = (e_1(A(e_2, e_1)e_1))e_1,$$

$$D(y, e_1) = e_1(A(e_2, e_1)e_1).$$

Непосредственной проверкой можно убедиться в том, что ни одно из этих 12 равенств не выполняется. Следовательно слово

$$A(e_2, e_1)B(e_1)$$

не содержит подслов $C(y, e_1)$ и $D(y, e_1)$. Совершенно аналогично можно убедиться в том, что и слово $B(e_2, e_1)A(e_1)$ не содержит подслов $C(y, e_1)$ и $D(y, e_1)$. Отсюда в силу свободы кольца $F\mathfrak{R}$ вытекает равенство

$$A(e_2, e_1)B(e_1) + B(e_2, e_1)A(e_1) = 0,$$

что невозможно. Следовательно тождество

$$A(y, x)B(x) = B(y, x)A(x)$$

не выводимо из системы тождеств Σ'_n. Случаи тождеств

$$A(y, x)D(x) = D(y, x)A(x),$$

$$B(y, x)C(x) = C(y, x)B(x),$$

$$C(y, x)D(x) = D(y, x)C(x),$$

а также тождеств многообразия $\mathfrak{M}$, рассматриваются по той же схеме.

§2. Независимость систем тождеств полугрупп

В этом параграфе мы рассмотрим доказательство теоремы 1 в случае полугрупп. Рассмотрим сначала случай конечной системы тождеств.

В дальнейшем нам понадобится бесконечная последовательность

$$t_1, t_2, \ldots, t_i, \ldots$$

из трех символов 1, 2, и 3 для которой

$$t_1 t_2 \ldots t_i$$

является бесквадратным словом, т.е. словом, избегающим слово x^2, при любом $i \in \mathbb{N}$. Мы воспользуемся способом построения такой последовательности, предложенным в [177] (см. также [175], утверждение 3.2). Обозначим через η функцию, заданную на множестве натуральных чисел и определенную формулой $\eta(k) = \frac{(-1)^{k+1}+1}{2}$. Пусть $a_1 a_2 \ldots a_r$ - произвольный элемент полугруппы $\{1,2,3\}^+$ такой, что $a_i \in \{1,2,3\}$ для любого $1 \le i \le r$. Рассмотрим отображение ϕ полугруппы $\{1,2,3\}^+$, определяемое равенствами

$$\phi(a_i) = b_{a_i,\eta(i)}, 1 \le i \le r,$$

$$b_{1,0} = 321, b_{2,0} = 132, b_{3,0} = 213,$$

$$b_{1,1} = 123, b_{2,1} = 231, b_{3,1} = 312.$$

Отображение ϕ порождает требуемую нам последовательность $U_n = \phi^n(1)$, $n \in \mathbb{N}$. Легко понять, что и отображение $\overline{\phi}$, определяемое равенствами

$$\overline{\phi}(a_i) = \overline{b_{a_i,\eta(i)}}, 1 \leq i \leq r,$$

$$\overline{b_{1,0}} = 123, \overline{b_{2,0}} = 231, \overline{b_{3,0}} = 312,$$

$$\overline{b_{1,1}} = 321, \overline{b_{2,1}} = 132, \overline{b_{3,1}} = 213,$$

тоже порождает требуемую нам последовательность $\overline{U_n} = \overline{\phi}^n(1)$.

В соответствии с рассмотренными выше отображениями ϕ и $\overline{\phi}$, а также рассматриваемым нами вариантом машины Минского $\mathbb{M}$, определим следующую модификацию полугруппы $S(\mathbb{M}, \phi)$ из [197].

Пусть $S^\star(\mathbb{M}, \phi)$ - полугруппа с множеством образующих

$$\{1, 2, 3, q_i, Q_i, l_j, r_j, l'_s, r'_s, A, B \mid$$

$$i, j \in \mathbb{Z}, 0 \leq i \leq m, -1 \leq j \leq 1, s \in \{-1, 1\}\}.$$

В соответствии со следующей таблицей по произвольной команде

$$q_i\delta_1\delta_2 \to q_j\varepsilon_1\varepsilon_2$$

машины Минского $\mathbb{M}$ построим некоторое определяющее соотношение полугруппы $S^\star(\mathbb{M}, \phi)$ в зависимости от значений δ_1 и δ_2:

δ_1	δ_2	СООТНОШЕНИЕ
1	1	$A1l_0q_ir_01B = A1l_{\varepsilon_1}Q_jr_{\varepsilon_2}1B$
1	0	$A1l_0q_ir_012 = A1l_{\varepsilon_1}Q_jr_{\varepsilon_2}12$
0	1	$21l_0q_ir_01B = 21l_{\varepsilon_1}Q_jr_{\varepsilon_2}1B$
0	0	$21l_0q_ir_012 = 21l_{\varepsilon_1}Q_jr_{\varepsilon_2}12$

Добавим к этим соотношениям следующие:

$$l_01 = 1l_0, l_02 = 2l_0, l_03 = 3l_0,$$

$$1l_1 = l_1'\overline{b_{1,1}}, 2l_1 = l_1'\overline{b_{2,1}}, 3l_1 = l_1'\overline{b_{3,1}},$$

$$1l_1' = l_1\overline{b_{1,0}}, 2l_1' = l_1\overline{b_{2,0}}, 3l_1' = l_1\overline{b_{3,0}},$$

$$\overline{b_{1,1}}l_{-1} = l_{-1}'1, \overline{b_{2,1}}l_{-1} = l_{-1}'2, \overline{b_{3,1}}l_{-1} = l_{-1}'3,$$

$$\overline{b_{1,0}}l_{-1}' = l_{-1}1, \overline{b_{2,0}}l_{-1}' = l_{-1}2, \overline{b_{3,0}}l_{-1}' = l_{-1}3,$$

$$r_0 1 = 1r_0, r_0 2 = 2r_0, r_0 3 = 3r_0,$$

$$r_1 1 = b_{1,1}r_1', r_1 2 = b_{2,1}r_1', r_1 3 = b_{3,1}r_1',$$

$$1r_1' = b_{1,0}r_1, 2r_1' = b_{2,0}r_1, 3r_1' = b_{3,0}r_1,$$

$$r_{-1}b_{1,1} = 1r_{-1}', r_{-1}b_{2,1} = 2r_{-1}', r_{-1}b_{3,1} = 3r_{-1}',$$

$$r_{-1}'b_{1,0} = 1r_{-1}, r_{-1}'b_{2,0} = 2r_{-1}, r_{-1}'b_{3,0} = 3r_{-1},$$

$$Al_1' = Al_0, Al_{-1}' = Al_0, r_1'B = r_0B,$$

$$r_{-1}'B = r_0B, l_0Q_jr_0 = l_0q_jr_0,$$

где $0 \leq j \leq m$. Обозначим через Σ систему всех указанных соотношений и будем считать Σ системой определяющих соотношений полугруппы $S^\star(\mathbb{M}, \phi)$. Пусть $S(\mathbb{M}, \phi) = \Pi^*\{S^\star(\mathbb{M}, \phi), \{C\}^+\}$ - свободное произведение полугруппы $S^\star(\mathbb{M}, \phi)$ и свободной полугруппы $\{C\}^+$.

Отображение Φ переводит систему определяющих соотношений Σ в систему определяющих соотношений $\Phi(\Sigma)$ некоторой полугруппы $\Phi(S(\mathbb{M}, \phi))$ с двумя образующими e_1 и e_2. Пусть $X = \{x, y\}$ -

фиксированный 2-элементный алфавит переменных. Пусть ψ - подстановка, заданная следующим образом:

$$e_1 \to x, e_2 \to y, \psi(uv) = \psi(u)\psi(v),$$

где $u, v \in \{e_1, e_2\}^+$. Подстановка ψ преобразовывает систему соотношений, задающую полугруппу $\Phi(S(\mathbb{M}, \phi))$, в некоторую систему полугрупповых тождеств $\Phi(\Sigma)[X]$. Обозначим через $\mathfrak{X}$ многообразие полугрупп, заданное этой системой тождеств. Так как система тождеств $\Phi(\Sigma)[X]$ конечна, $\mathfrak{X}$ - конечно базируемое многообразие, а значит $\mathfrak{X}$ обладает независимым базисом. Отсюда вытекает, что существует независимая система тождеств $\Sigma' \subseteq \Phi(\Sigma)[X]$, эквивалентная системе тождеств $\Phi(\Sigma)[X]$. Обозначим через Σ_n систему тождеств

$$\Sigma' \cup \{\psi(\Phi(CA\overline{\phi}^{2^n}(1)l_0q_1r_01BC)) =$$

$$\psi(\Phi(CA\overline{\phi}(1)l_0q_0r_01BC))\},$$

$n \in \mathbb{N}$.

Очевидно, что для доказательства теоремы достаточно показать, что существует рекурсивное семейство конечных систем полугрупповых тождеств такое, что не существует алгоритма, определяющего по произвольной системе из этого семейства, будет ли она независима. Рассмотрим следующее семейство конечных систем полугрупповых тождеств:

$$\{\Delta \cup \{\psi(\Phi(CA\overline{\phi}^{2^n}(1)l_0q_1r_01BC)) =$$

$$\psi(\Phi(CA\overline{\phi}(1)l_0q_0r_01BC))\} \mid n \in \mathbb{N}, \Delta \subseteq \Phi(\Sigma)[X]\}.$$

Легко понять, что

$$\{\Delta \cup \{\psi(\Phi(CA\overline{\phi}^{2^n}(1)l_0q_1r_01BC)) =$$

$$\psi(\Phi(CA\overline{\phi}(1)l_0q_0r_01BC))\} \mid n \in \mathbb{N}, \Delta \subseteq \Phi(\Sigma)[X]\} -$$

рекурсивное семейство. Предположим, что существует алгоритм, определяющий по произвольной системе из семейства

$$\{\Delta \cup \{\psi(\Phi(CA\overline{\phi}^{2^n}(1)l_0q_1r_01BC)) =$$

$$\psi(\Phi(CA\overline{\phi}(1)l_0q_0r_01BC))\} \mid n \in \mathbb{N}, \Delta \subseteq \Phi(\Sigma)[X]\},$$

будет ли она независима. Тогда очевидно, что существует алгоритм, определяющий по произвольной системе из семейства $\{\Sigma_n \mid n \in \mathbb{N}\}$, будет ли она независима.

Покажем, что система тождеств Σ_n независима тогда и только тогда, когда $n \notin \mathcal{P}$. Обозначим через $\mathfrak{X}$ многообразие полугрупп, заданное системой тождеств Σ_n. Предположим, что $n \in \mathcal{P}$.

Допустим, что существует конечное вычисление, при помощи которого машина $\mathbb{M}$ переходит из конфигурации $q_i\xi_1\xi_2$ в конфигурацию $q_j\eta_1\eta_2$ или наоборот. Пусть для определенности машина $\mathbb{M}$ переходит из конфигурации $q_i\xi_1\xi_2$ в конфигурацию $q_j\eta_1\eta_2$. Индукцией по числу d тактов работы машины $\mathbb{M}$ покажем, что в многообразии $\mathfrak{X}$ выполняется тождество

$$\psi(\Phi(CA\overline{\phi}^{\xi_1}(1)l_0q_ir_0\phi^{\xi_2}(1)BC)) =$$

$$\psi(\Phi(CA\overline{\phi}^{\eta_1}(1)l_0q_jr_0\phi^{\eta_2}(1)BC)).$$

Допустим, что $d = 0$. Тогда утверждение очевидно. Предположим теперь, что утверждение справедливо для некоторого числа d. Покажем, что утверждение выполняется и для $d+1$. В самом деле, пусть машина $\mathbb{M}$, начав работать в конфигурации $q_i\xi_1\xi_2$, через $d+1$ такт работы переходит в конфигурацию $q_j\eta_1\eta_2$. Обозначим через $q_l\tau_1\tau_2$

конфигурацию, в которую машина $\mathbb{M}$ переходит через d тактов работы, начав работать в конфигурации $q_i\xi_1\xi_2$. В зависимости от того, равны нулю числа τ_1, τ_2 или нет, следует рассмотреть четыре случая. Пусть для определенности $\tau_1 = 0$, $\tau_2 \neq 0$. Остальные три слечая рассматриваются совершенно аналогично. Так как $\tau_1 = 0$, $\tau_2 \neq 0$, на $(d+1)$-м шаге машина $\mathbb{M}$ выполняет команду

$$q_l 10 \to q_j \varepsilon_1 \varepsilon_2$$

и переходит из конфигурации $q_l\tau_1\tau_2$ в конфигурацию $q_j(\tau_1+\varepsilon_1)(\tau_2+\varepsilon_2)$, т.е. $\tau_1+\varepsilon_1 = \eta_1$ и $\tau_2+\varepsilon_2 = \eta_2$. Заметим, что по предположению индукции в многообразии $\mathfrak{X}$ выполняется тождество

$$\psi(\Phi(CA\overline{\phi}^{\xi_1}(1)l_0q_ir_0\phi^{\xi_2}(1)BC)) =$$

$$\psi(\Phi(CA\overline{\phi}^{\tau_1}(1)l_0q_lr_0\phi^{\tau_2}(1)BC)).$$

Поскольку $\tau_1 = 0$, то это тождество имеет вид

$$\psi(\Phi(CA\overline{\phi}^{\xi_1}(1)l_0q_ir_0\phi^{\xi_2}(1)BC)) =$$

$$\psi(\Phi(CA1l_0q_lr_0\phi^{\tau_2}(1)BC)).$$

Так как на $(d+1)$-м шаге машина $\mathbb{M}$ выполняет команду $q_l10 \to q_j\varepsilon_1\varepsilon_2$, по построению многообразия $\mathfrak{X}$ должно выполняться тождество

$$\psi(\Phi(A1l_0q_lr_012)) = \psi(\Phi(A1l_{\varepsilon_1}Q_jr_{\varepsilon_2}12)).$$

Заметим, что по определению отображения ϕ слово $\phi^p(1)$ для любого натурального p начинается с подслова 12. Поэтому из тождеств

$$\psi(\Phi(CA\overline{\phi}^{\xi_1}(1)l_0q_ir_0\phi^{\xi_2}(1)BC)) =$$

$$\psi(\Phi(CA1l_0q_lr_0\phi^{\tau_2}(1)BC)),$$

$$\psi(\Phi(A1l_0q_lr_012)) = \psi(\Phi(A1l_{\varepsilon_1}Q_jr_{\varepsilon_2}12))$$

вытекает тождество

$$\psi(\Phi(CA\overline{\phi}^{\xi_1}(1)l_0q_ir_0\phi^{\xi_2}(1)BC)) =$$

$$\psi(\Phi(CA1l_{\varepsilon_1}Q_jr_{\varepsilon_2}\phi^{\tau_2}(1)BC)).$$

Покажем, что из тождества

$$\psi(\Phi(CA\overline{\phi}^{\xi_1}(1)l_0q_ir_0\phi^{\xi_2}(1)BC)) =$$

$$\psi(\Phi(CA1l_{\varepsilon_1}Q_jr_{\varepsilon_2}\phi^{\tau_2}(1)BC))$$

следует тождество

$$\psi(\Phi(CA\overline{\phi}^{\xi_1}(1)l_0q_ir_0\phi^{\xi_2}(1)BC)) =$$

$$\psi(\Phi(CA\overline{\phi}^{\eta_1}(1)l_0Q_jr_{\varepsilon_2}\phi^{\tau_2}(1)BC)).$$

В зависимости от значения ε_1 следует рассмотреть три случая. Предположим, что $\varepsilon_1 = 1$. Тогда в силу тождества

$$\psi(\Phi(1l_1)) = \psi(\Phi(l_1'\overline{b_{1,1}}))$$

из тождества

$$\psi(\Phi(CA\overline{\phi}^{\xi_1}(1)l_0q_ir_0\phi^{\xi_2}(1)BC)) =$$

$$\psi(\Phi(CA1l_{\varepsilon_1}Q_jr_{\varepsilon_2}\phi^{\tau_2}(1)BC))$$

вытекает тождество

$$\psi(\Phi(CA\overline{\phi}^{\xi_1}(1)l_0q_ir_0\phi^{\xi_2}(1)BC)) =$$

$$\psi(\Phi(CAl_1'\overline{b_{1,1}}Q_j r_{\varepsilon_2}\phi^{\tau_2}(1)BC)).$$

Отсюда в силу тождества

$$\psi(\Phi(Al_1')) = \psi(\Phi(Al_0))$$

получаем

$$\psi(\Phi(CA\overline{\phi}^{\xi_1}(1)l_0 q_i r_0 \phi^{\xi_2}(1)BC)) =$$

$$\psi(\Phi(CAl_0\overline{b_{1,1}}Q_j r_{\varepsilon_2}\phi^{\tau_2}(1)BC)).$$

Последовательно применяя тождества

$$\psi(\Phi(l_0 3)) = \psi(\Phi(3l_0)),$$

$$\psi(\Phi(l_0 2)) = \psi(\Phi(2l_0)),$$

$$\psi(\Phi(l_0 1)) = \psi(\Phi(1l_0)),$$

из тождества

$$\psi(\Phi(CA\overline{\phi}^{\xi_1}(1)l_0 q_i r_0 \phi^{\xi_2}(1)BC)) =$$

$$\psi(\Phi(CAl_0\overline{b_{1,1}}Q_j r_{\varepsilon_2}\phi^{\tau_2}(1)BC))$$

получаем тождество

$$\psi(\Phi(CA\overline{\phi}^{\xi_1}(1)l_0 q_i r_0 \phi^{\xi_2}(1)BC)) =$$

$$\psi(\Phi(CA\overline{b_{1,1}}l_0 Q_j r_{\varepsilon_2}\phi^{\tau_2}(1)BC)).$$

По определению отображения $\overline{\phi}$, тождество

$$\psi(\Phi(CA\overline{\phi}^{\xi_1}(1)l_0 q_i r_0 \phi^{\xi_2}(1)BC)) =$$

$$\psi(\Phi(CA\overline{b_{1,1}}l_0Q_jr_{\varepsilon_2}\phi^{\tau_2}(1)BC))$$

можно представить в виде

$$\psi(\Phi(CA\overline{\phi}^{\xi_1}(1)l_0q_ir_0\phi^{\xi_2}(1)BC)) =$$

$$\psi(\Phi(CA\overline{\phi}(1)l_0Q_jr_{\varepsilon_2}\phi^{\tau_2}(1)BC)).$$

Так как $\tau_1 = 0$, $\varepsilon_1 = 1$, $\tau_1 + \varepsilon_1 = \eta_1$, имеем $\eta_1 = 1$. Следовательно при $\varepsilon_1 = 1$ тождество

$$\psi(\Phi(CA\overline{\phi}^{\xi_1}(1)l_0q_ir_0\phi^{\xi_2}(1)BC)) =$$

$$\psi(\Phi(CA\overline{\phi}^{\eta_1}(1)l_0Q_jr_{\varepsilon_2}\phi^{\tau_2}(1)BC))$$

действительно имеет место. Заметим, что по определению машины $\mathbb{M}$ имеет место соотношение $\varepsilon_1 \neq -1$. Поэтому нам осталось рассмотреть только случай, когда $\varepsilon_1 = 0$. Так как $\varepsilon_1 = 0$, в силу равенств $\tau_1 = 0$, $\tau_1 + \varepsilon_1 = \eta_1$ имеем $\eta_1 = 0$. Отсюда очевидным образом вытекает, что тождество

$$\psi(\Phi(CA\overline{\phi}^{\xi_1}(1)l_0q_ir_0\phi^{\xi_2}(1)BC)) =$$

$$\psi(\Phi(CA1l_{\varepsilon_1}Q_jr_{\varepsilon_2}\phi^{\tau_2}(1)BC))$$

может быть представлено в виде

$$\psi(\Phi(CA\overline{\phi}^{\xi_1}(1)l_0q_ir_0\phi^{\xi_2}(1)BC)) =$$

$$\psi(\Phi(CA\overline{\phi}^{\eta_1}(1)l_0Q_jr_{\varepsilon_2}\phi^{\tau_2}(1)BC)).$$

Итак, мы убедились в том, что из тождества

$$\psi(\Phi(CA\overline{\phi}^{\xi_1}(1)l_0q_ir_0\phi^{\xi_2}(1)BC)) =$$

$$\psi(\Phi(CA1l_{\varepsilon_1}Q_jr_{\varepsilon_2}\phi^{\tau_2}(1)BC))$$

следует тождество

$$\psi(\Phi(CA\overline{\phi}^{\xi_1}(1)l_0q_ir_0\phi^{\xi_2}(1)BC)) =$$

$$\psi(\Phi(CA\overline{\phi}^{\eta_1}(1)l_0Q_jr_{\varepsilon_2}\phi^{\tau_2}(1)BC)).$$

Покажем теперь, что из

$$\psi(\Phi(CA\overline{\phi}^{\xi_1}(1)l_0q_ir_0\phi^{\xi_2}(1)BC)) =$$

$$\psi(\Phi(CA\overline{\phi}^{\eta_1}(1)l_0Q_jr_{\varepsilon_2}\phi^{\tau_2}(1)BC))$$

следует тождество

$$\psi(\Phi(CA\overline{\phi}^{\xi_1}(1)l_0q_ir_0\phi^{\xi_2}(1)BC)) =$$

$$\psi(\Phi(CA\overline{\phi}^{\eta_1}(1)l_0Q_jr_0\phi^{\eta_2}(1)BC)).$$

Так же как и в предыдущем случае в зависимости от значения ε_2 нам следует рассмотреть три случая. Предположим, что $\varepsilon_2 = 0$. Тогда в силу равенства $\tau_2 + \varepsilon_2 = \eta_2$ очевидно, что из тождества

$$\psi(\Phi(CA\overline{\phi}^{\xi_1}(1)l_0q_ir_0\phi^{\xi_2}(1)BC)) =$$

$$\psi(\Phi(CA\overline{\phi}^{\eta_1}(1)l_0Q_jr_{\varepsilon_2}\phi^{\tau_2}(1)BC))$$

следует тождество

$$\psi(\Phi(CA\overline{\phi}^{\xi_1}(1)l_0q_ir_0\phi^{\xi_2}(1)BC)) =$$

$$\psi(\Phi(CA\overline{\phi}^{\eta_1}(1)l_0Q_jr_0\phi^{\eta_2}(1)BC)).$$

Допустим теперь, что $\varepsilon_2 = 1$. Пусть

$$\phi^{\tau_2}(1) = a_1 a_2 \dots a_s,$$

где $s \in \mathbb{N}$ и для любого

$$k \in \{1, 2, \dots, s\}$$

имеет место соотношение $a_k \in \{1, 2, 3\}$. Индукцией по числу p покажем, что в полугруппе $S(\mathbb{M}, \phi)$ для любого $p \in \{0, 1, \dots, s\}$ выполняется равенство

$$\phi(a_1 a_2 \dots a_p) b_t a_{p+1} a_{p+2} \dots a_s = r_1 \phi^{\tau_2}(1),$$

где

$$t \in \{0, 1\},$$

$$b_0 = r_1,$$

$$b_1 = r_1',$$

$$p \equiv t (\mod 2).$$

Пусть $p = 0$. Тогда равенство

$$\phi(a_1 a_2 \dots a_p) b_t a_{p+1} a_{p+2} \dots a_s = r_1 \phi^{\tau_2}(1)$$

имеет вид

$$b_t a_1 a_2 \dots a_s = r_1 \phi^{\tau_2}(1).$$

При этом по определению $b_t = r_1$,

$$a_1 a_2 \dots a_s = \phi^{\tau_2}(1).$$

База индукции доказана. Допустим, что утверждение справедливо для некоторого p. Покажем, что оно верно и для $p+1$. В самом деле, по предположению индукции выполняется равенство

$$\phi(a_1a_2\dots a_p)b_ta_{p+1}a_{p+2}\dots a_s = r_1\phi^{\tau_2}(1).$$

Если p четно, то равенство

$$\phi(a_1a_2\dots a_p)b_ta_{p+1}a_{p+2}\dots a_s = r_1\phi^{\tau_2}(1)$$

имеет вид

$$\phi(a_1a_2\dots a_{2r})r_1a_{2r+1}a_{2r+2}\dots a_s = r_1\phi^{\tau_2}(1).$$

В силу соотношения

$$r_1a_{2r+1} = b_{a_{2r+1},1}r_1'$$

из

$$\phi(a_1a_2\dots a_{2r})r_1a_{2r+1}a_{2r+2}\dots a_s = r_1\phi^{\tau_2}(1)$$

вытекает равенство

$$\phi(a_1a_2\dots a_{2r})b_{a_{2r+1},1}r_1'a_{2r+2}\dots a_s = r_1\phi^{\tau_2}(1).$$

Отсюда по определению отображения ϕ получаем:

$$r_1\phi^{\tau_2}(1) =$$

$$\phi(a_1a_2\dots a_{2r})b_{a_{2r+1},1}r_1'a_{2r+2}\dots a_s =$$

$$\phi(a_1a_2\dots a_{2r})\phi(a_{2r+1})r_1'a_{2r+2}\dots a_s =$$

$$\phi(a_1a_2\dots a_{2r}a_{2r+1})r_1'a_{2r+2}\dots a_s.$$

Так как p четно и $2r+1 = p+1$, имеем $t = 1$. Поэтому

$$\phi(a_1a_2\dots a_{p+1})b_ta_{p+2}a_{p+3}\dots a_s = r_1\phi^{\tau_2}(1),$$

что и требовалось. Если p нечетно, то равенство

$$\phi(a_1a_2\dots a_p)b_ta_{p+1}a_{p+2}\dots a_s = r_1\phi^{\tau_2}(1)$$

имеет вид

$$\phi(a_1a_2\dots a_{2r+1})r'_1a_{2r+2}a_{2r+3}\dots a_s = r_1\phi^{\tau_2}(1).$$

В силу соотношения

$$r'_1a_{2r+2} = b_{a_{2r+2},0}r_1$$

из равенства

$$\phi(a_1a_2\dots a_{2r+1})r'_1a_{2r+2}a_{2r+3}\dots a_s = r_1\phi^{\tau_2}(1)$$

вытекает равенство

$$\phi(a_1a_2\dots a_{2r+1})b_{a_{2r+2},1}r_1a_{2r+3}\dots a_s = r_1\phi^{\tau_2}(1).$$

Отсюда по определению отображения ϕ получаем:

$$r_1\phi^{\tau_2}(1) =$$

$$\phi(a_1a_2\dots a_{2r+1})b_{a_{2r+2},0}r_1a_{2r+3}\dots a_s =$$

$$\phi(a_1a_2\dots a_{2r+1})\phi(a_{2r+2})r_1a_{2r+3}\dots a_s =$$

$$\phi(a_1a_2\dots a_{2r+1}a_{2r+2})r_1a_{2r+3}\dots a_s.$$

Так как p нечетно и $2r+2 = p+1$, заключаем, что $t = 0$. Следовательно

$$\phi(a_1a_2\dots a_{p+1})b_ta_{p+2}a_{p+3}\dots a_s = r_1\phi^{\tau_2}(1),$$

что и требовалось.

Заметим, что при $p = s$ равенство

$$\phi(a_1a_2\dots a_{p+1})b_ta_{p+2}a_{p+3}\dots a_s = r_1\phi^{\tau_2}(1)$$

имеет вид

$$\phi(a_1a_2\dots a_s)b_t = r_1\phi^{\tau_2}(1).$$

По определению имеет место равенство

$$a_1a_2\dots a_s = \phi^{\tau_2}(1).$$

Отсюда по определению отображения ϕ вытекает, что $s = 3^{\tau_2}$. Следовательно s нечетно. Поэтому в полугруппе $S(\mathbb{M},\phi)$ имеет место равенство

$$\phi(a_1a_2\dots a_s)r_1' = r_1\phi^{\tau_2}(1),$$

а значит и равенство

$$\phi^{\tau_2+1}(1)r_1' = r_1\phi^{\tau_2}(1).$$

Так как $\varepsilon_2 = 1$ и $\varepsilon_2 + \tau_2 = \eta_2$, равенство $\phi^{\tau_2+1}(1)r_1' = r_1\phi^{\tau_2}(1)$ можно представить в виде $\phi^{\eta_2}(1)r_1' = r_1\phi^{\tau_2}(1)$. По построению многообразия $\mathfrak{X}$, из выполнимости в полугруппе $S(\mathbb{M},\phi)$ соотношения $\phi^{\eta_2}(1)r_1' = r_1\phi^{\tau_2}(1)$ вытекает выполнимость в многообразии $\mathfrak{X}$ тождества

$$\psi(\Phi(\phi^{\eta_2}(1)r_1')) = \psi(\Phi(r_1\phi^{\tau_2}(1))).$$

Из этого тождества и из тождества

$$\psi(\Phi(CA\overline{\phi}^{\xi_1}(1)l_0q_ir_0\phi^{\xi_2}(1)BC)) =$$

$$\psi(\Phi(CA\overline{\phi}^{\eta_1}(1)l_0Q_jr_{\varepsilon_2}\phi^{\tau_2}(1)BC))$$

очевидным образом следует тождество

$$\psi(\Phi(CA\overline{\phi}^{\xi_1}(1)l_0q_ir_0\phi^{\xi_2}(1)BC)) =$$

$$\psi(\Phi(CA\overline{\phi}^{\eta_1}(1)l_0Q_j\phi^{\eta_2}(1)r_1'BC)).$$

В силу тождества

$$\psi(\Phi(r_1'B)) = \psi(\Phi(r_0B))$$

из тождества

$$\psi(\Phi(CA\overline{\phi}^{\xi_1}(1)l_0q_ir_0\phi^{\xi_2}(1)BC)) =$$

$$\psi(\Phi(CA\overline{\phi}^{\eta_1}(1)l_0Q_j\phi^{\eta_2}(1)r_1'BC))$$

получаем тождество

$$\psi(\Phi(CA\overline{\phi}^{\xi_1}(1)l_0q_ir_0\phi^{\xi_2}(1)BC)) =$$

$$\psi(\Phi(CA\overline{\phi}^{\eta_1}(1)l_0Q_j\phi^{\eta_2}(1)r_0BC)).$$

Используя тождества

$$\psi(\Phi(r_01)) = \psi(\Phi(1r_0)),$$

$$\psi(\Phi(r_02)) = \psi(\Phi(2r_0)),$$

$$\psi(\Phi(r_03)) = \psi(\Phi(3r_0)),$$

легко понять, что из

$$\psi(\Phi(CA\overline{\phi}^{\xi_1}(1)l_0q_ir_0\phi^{\xi_2}(1)BC)) =$$

$$\psi(\Phi(CA\overline{\phi}^{\eta_1}(1)l_0Q_j\phi^{\eta_2}(1)r_0BC))$$

следует тождество

$$\psi(\Phi(CA\overline{\phi}^{\xi_1}(1)l_0q_ir_0\phi^{\xi_2}(1)BC)) =$$

$$\psi(\Phi(CA\overline{\phi}^{\eta_1}(1)l_0Q_jr_0\phi^{\eta_2}(1)BC)),$$

что и требовалось.

Допустим теперь, что $\varepsilon_2 = -1$. Поскольку $\tau_2 > 0$ слово $\phi^{\tau_2}(1)$ можно представить в виде $\phi(\phi^{\tau_2-1}(1))$. Пусть

$$\phi^{\tau_2-1}(1) = a_1a_2\ldots a_s,$$

где $s \in \mathbb{N}$ и для любого $k \in \{1, 2, \ldots, s\}$ имеет место соотношение $a_k \in \{1, 2, 3\}$. Индукцией по числу p покажем, что в полугруппе $S(\mathbb{M}, \phi)$ для любого $p \in \{0, 1, \ldots, s\}$ выполняется равенство

$$a_1a_2\ldots a_pb_t\phi(a_{p+1}a_{p+2}\ldots a_s) = r_{-1}\phi^{\tau_2}(1),$$

где

$$t \in \{0, 1\},$$

$$b_0 = r_{-1},$$

$$b_1 = r'_{-1},$$

$$p \equiv t(\mod 2).$$

Пусть $p = 0$. Тогда равенство

$$a_1a_2\ldots a_pb_t\phi(a_{p+1}a_{p+2}\ldots a_s) = r_{-1}\phi^{\tau_2}(1)$$

имеет вид

$$b_t\phi(a_1a_2\ldots a_s) = r_{-1}\phi^{\tau_2}(1).$$

При этом по определению $b_t = r_{-1}$,

$$a_1a_2\ldots a_s = \phi(1)^{\tau_2-1}.$$

База индукции доказана. Допустим, что утверждение справедливо для некоторого p. Покажем, что оно верно и для $p+1$. В самом деле, по предположению индукции имеем

$$a_1a_2\dots a_pb_t\phi(a_{p+1}a_{p+2}\dots a_s)=r_{-1}\phi^{\tau_2}(1).$$

Если $p\equiv 0(\mod 2)$, то равенство

$$a_1a_2\dots a_pb_t\phi(a_{p+1}a_{p+2}\dots a_s)=r_{-1}\phi^{\tau_2}(1)$$

имеет вид

$$a_1a_2\dots a_pr_{-1}\phi(a_{p+1}a_{p+2}\dots a_s)=r_{-1}\phi^{\tau_2}(1).$$

По определению отображения ϕ это равенство можно представить в виде

$$a_1a_2\dots a_pr_{-1}\phi(a_{p+1})\phi(a_{p+2}\dots a_s)=r_{-1}\phi^{\tau_2}(1).$$

Поскольку $p\equiv 0(\mod 2)$, $\phi(a_{p+1})=b_{a_{p+1},1}$. Следовательно равенство

$$a_1a_2\dots a_pr_{-1}\phi(a_{p+1})\phi(a_{p+2}\dots a_s)=r_{-1}\phi^{\tau_2}(1)$$

можно представить в виде

$$a_1a_2\dots a_pr_{-1}b_{a_{p+1},1}\phi(a_{p+2}\dots a_s)=r_{-1}\phi^{\tau_2}(1).$$

Отсюда в силу соотношения $r_{-1}b_{a_{p+1},1}=a_{p+1}r'_{-1}$ вытекает равенство

$$a_1a_2\dots a_pa_{p+1}r'_{-1}\phi(a_{p+2}\dots a_s)=r_{-1}\phi^{\tau_2}(1).$$

Так как $p\equiv 0(\mod 2)$, имеем $p+1\equiv 1(\mod 2)$, т.е. $t=1$. Следовательно

$$a_1a_2\dots a_pa_{p+1}b_t\phi(a_{p+2}a_{p+3}\dots a_s)=r_{-1}\phi^{\tau_2}(1),$$

что и требовалось. Если $p\equiv 1(\mod 2)$, то равенство

$$a_1a_2\dots a_pb_t\phi(a_{p+1}a_{p+2}\dots a_s)=r_{-1}\phi^{\tau_2}(1)$$

имеет вид

$$a_1a_2\dots a_pr'_{-1}\phi(a_{p+1}a_{p+2}\dots a_s)=r_{-1}\phi^{\tau_2}(1).$$

По определению отображения ϕ это равенство можно представить в виде

$$a_1a_2\dots a_pr'_{-1}\phi(a_{p+1})\phi(a_{p+2}\dots a_s)=r_{-1}\phi^{\tau_2}(1).$$

Поскольку $p\equiv 1(\mod 2)$, $\phi(a_{p+1})=b_{a_{p+1},0}$. Следовательно равенство

$$a_1a_2\dots a_pr'_{-1}\phi(a_{p+1})\phi(a_{p+2}\dots a_s)=r_{-1}\phi^{\tau_2}(1)$$

можно представить в виде

$$a_1a_2\dots a_pr'_{-1}b_{a_{p+1},0}\phi(a_{p+2}\dots a_s)=r_{-1}\phi^{\tau_2}(1).$$

Отсюда в силу соотношения $r'_{-1}b_{a_{p+1},0}=a_{p+1}r_{-1}$ вытекает равенство

$$a_1a_2\dots a_pa_{p+1}r_{-1}\phi(a_{p+2}\dots a_s)=r_{-1}\phi^{\tau_2}(1).$$

Так как $p\equiv 1(\mod 2)$, имеем $p+1\equiv 0(\mod 2)$, т.е. $t=0$. Следовательно

$$a_1a_2\dots a_pa_{p+1}b_t\phi(a_{p+2}a_{p+3}\dots a_s)=r_{-1}\phi^{\tau_2}(1),$$

что и требовалось.

Заметим, что при $p=s$ равенство

$$a_1a_2\dots a_pa_{p+1}b_t\phi(a_{p+2}a_{p+3}\dots a_s)=r_{-1}\phi^{\tau_2}(1)$$

имеет вид

$$a_1a_2\dots a_sb_t=r_{-1}\phi^{\tau_2}(1).$$

По определению имеет место равенство

$$a_1 a_2 \ldots a_s = \phi(1)^{\tau_2 - 1}.$$

Отсюда по определению отображения ϕ вытекает, что $s = 3^{\tau_2 - 1}$. Следовательно $s \equiv 1(\mod 2)$. Поэтому в полугруппе $S(\mathbb{M}, \phi)$ имеет место равенство

$$a_1 a_2 \ldots a_s r'_{-1} = r_{-1} \phi^{\tau_2}(1),$$

а значит и равенство

$$\phi^{\tau_2 - 1}(1) r'_{-1} = r_{-1} \phi^{\tau_2}(1).$$

Так как $\varepsilon_2 = -1$ и $\varepsilon_2 + \tau_2 = \eta_2$, равенство $\phi^{\tau_2-1}(1)r'_{-1} = r_{-1}\phi^{\tau_2}(1)$ можно представить в виде $\phi^{\eta_2}(1)r'_{-1} = r_{-1}\phi^{\tau_2}(1)$. По построению многообразия $\mathfrak{X}$, из выполнимости в полугруппе $S(\mathbb{M}, \phi)$ соотношения $\phi^{\eta_2}(1)r'_{-1} = r_{-1}\phi^{\tau_2}(1)$ вытекает выполнимость в многообразии $\mathfrak{X}$ тождества

$$\psi(\Phi(\phi^{\eta_2}(1) r'_{-1})) = \psi(\Phi(r_{-1} \phi^{\tau_2}(1))).$$

Из этого тождества и из

$$\psi(\Phi(CA\overline{\phi}^{\xi_1}(1) l_0 q_i r_0 \phi^{\xi_2}(1) BC)) =$$

$$\psi(\Phi(CA\overline{\phi}^{\eta_1}(1) l_0 Q_j r_{\varepsilon_2} \phi^{\tau_2}(1) BC))$$

очевидным образом следует тождество

$$\psi(\Phi(CA\overline{\phi}^{\xi_1}(1) l_0 q_i r_0 \phi^{\xi_2}(1) BC)) =$$

$$\psi(\Phi(CA\overline{\phi}^{\eta_1}(1) l_0 Q_j \phi^{\eta_2}(1) r'_{-1} BC)).$$

В силу тождества

$$\psi(\Phi(r'_{-1} B)) = \psi(\Phi(r_0 B))$$

из тождества

$$\psi(\Phi(CA\overline{\phi}^{\xi_1}(1)l_0q_ir_0\phi^{\xi_2}(1)BC)) =$$

$$\psi(\Phi(CA\overline{\phi}^{\eta_1}(1)l_0Q_j\phi^{\eta_2}(1)r'_{-1}BC))$$

получаем тождество

$$\psi(\Phi(CA\overline{\phi}^{\xi_1}(1)l_0q_ir_0\phi^{\xi_2}(1)BC)) =$$

$$\psi(\Phi(CA\overline{\phi}^{\eta_1}(1)l_0Q_j\phi^{\eta_2}(1)r_0BC))$$

Используя тождества

$$\psi(\Phi(r_01)) = \psi(\Phi(1r_0)),$$

$$\psi(\Phi(r_02)) = \psi(\Phi(2r_0)),$$

$$\psi(\Phi(r_03)) = \psi(\Phi(3r_0)),$$

легко понять, что из тождества

$$\psi(\Phi(CA\overline{\phi}^{\xi_1}(1)l_0q_ir_0\phi^{\xi_2}(1)BC)) =$$

$$\psi(\Phi(CA\overline{\phi}^{\eta_1}(1)l_0Q_j\phi^{\eta_2}(1)r_0BC))$$

следует тождество

$$\psi(\Phi(CA\overline{\phi}^{\xi_1}(1)l_0q_ir_0\phi^{\xi_2}(1)BC)) =$$

$$\psi(\Phi(CA\overline{\phi}^{\eta_1}(1)l_0Q_jr_0\phi^{\eta_2}(1)BC)),$$

что и требовалось.

В силу тождества

$$\psi(\Phi(l_0q_jr_0)) = \psi(\Phi(l_0Q_jr_0))$$

из тождества

$$\psi(\Phi(CA\overline{\phi}^{\xi_1}(1)l_0q_ir_0\phi^{\xi_2}(1)BC)) =$$

$$\psi(\Phi(CA\overline{\phi}^{\eta_1}(1)l_0Q_jr_0\phi^{\eta_2}(1)BC))$$

вытекает тождество

$$\psi(\Phi(CA\overline{\phi}^{\xi_1}(1)l_0q_ir_0\phi^{\xi_2}(1)BC)) =$$

$$\psi(\Phi(CA\overline{\phi}^{\eta_1}(1)l_0q_jr_0\phi^{\eta_2}(1)BC)).$$

Таким образом мы показали, что если существует конечное вычисление, при помощи которого машина $\mathbb{M}$ переходит из конфигурации $q_i\xi_1\xi_2$ в конфигурацию $q_j\eta_1\eta_2$ или наоборот, то в многообразии $\mathfrak{X}$ выполняется тождество

$$\psi(\Phi(CA\overline{\phi}^{\xi_1}(1)l_0q_ir_0\phi^{\xi_2}(1)BC)) =$$

$$\psi(\Phi(CA\overline{\phi}^{\eta_1}(1)l_0q_jr_0\phi^{\eta_2}(1)BC)).$$

Предположим, что $n \in \mathcal{P}$. Тогда по определению машины $\mathbb{M}$ существует конечное вычисление, при помощи которого машина $\mathbb{M}$ переходит из конфигурации $q_1 2^n 0$ в конфигурацию $q_0 10$. Поэтому в многообразии $\mathfrak{X}$ выполняется тождество

$$\psi(\Phi(CA\overline{\phi}^{2^n}(1)l_0q_1r_01BC)) = \psi(\Phi(CA\overline{\phi}(1)l_0q_0r_01BC)).$$

Отсюда вытекает в силу того, что Σ' - базис многообразия $\mathfrak{X}$, что тождество

$$\psi(\Phi(CA\overline{\phi}^{2^n}(1)l_0q_1r_01BC)) = \psi(\Phi(CA\overline{\phi}(1)l_0q_0r_01BC))$$

выводимо из системы тождеств Σ'. Поскольку по определению система тождеств Σ_n имеет вид

$$\Sigma' \cup \{\psi(\Phi(CA\overline{\phi}^{2^n}(1)l_0q_1r_01BC)) =$$

$$\psi(\Phi(CA\overline{\phi}(1)l_0q_0r_01BC))\},$$

если $n \in \mathcal{P}$, то система тождеств Σ_n зависима.

Рассмотрим теперь случай, когда $n \notin \mathcal{P}$, и покажем, что система тождеств Σ_n независима. Предположим противное. Тогда существует тождество $u = v$ такое, что $u = v \in \Sigma_n$ и $u = v$ выводимо из системы тождеств $\Sigma_n \backslash \{u = v\}$.

Рассмотрим последовательность

$$q_{\alpha_1}\lambda_{\beta_1}\lambda_{\gamma_1}, q_{\alpha_2}\lambda_{\beta_2}\lambda_{\gamma_2}, \ldots, q_{\alpha_l}\lambda_{\beta_l}\lambda_{\gamma_l} \tag{1}$$

такую, что машина Минского переходит из конфигурации $q_i\xi_1\xi_2$ в конфигурацию $q_{\alpha_1}\lambda_{\beta_1}\lambda_{\gamma_1}$ или из конфигурации $q_{\alpha_1}\lambda_{\beta_1}\lambda_{\gamma_1}$ в конфигурацию $q_i\xi_1\xi_2$, машина Минского переходит из конфигурации $q_j\eta_1\eta_2$ в конфигурацию $q_{\alpha_l}\lambda_{\beta_l}\lambda_{\gamma_l}$ или из конфигурации $q_{\alpha_l}\lambda_{\beta_l}\lambda_{\gamma_l}$ в конфигурацию $q_j\eta_1\eta_2$, машина Минского переходит из конфигурации $q_{\alpha_{k+1}}\lambda_{\beta_{k+1}}\lambda_{\gamma_{k+1}}$ в конфигурацию $q_{\alpha_k}\lambda_{\beta_k}\lambda_{\gamma_k}$ или из конфигурации $q_{\alpha_k}\lambda_{\beta_k}\lambda_{\gamma_k}$ в конфигурацию $q_{\alpha_{k+1}}\lambda_{\beta_{k+1}}\lambda_{\gamma_{k+1}}$ для любого k, $k \in \{1, 2, \ldots, l-1\}$.

Индукцией по длине вывода покажем, что если из системы Σ' выводимо одно из тождеств $\mathfrak{M} = \psi(\Phi(\mathfrak{N}))$, то существует конечное вычисление, при помощи которого машина $\mathbb{M}$ переходит из конфигурации $q_i\xi_1\xi_2$ в конфигурацию $q_j\eta_1\eta_2$ или наоборот, либо существует конечная последовательность конфигураций (1).

Предположим, что длина вывода u одного из тождеств $\mathfrak{M} = \psi(\Phi(\mathfrak{N}))$ равна 0. Тогда существование конечного вычисления очевидно, поскольку в этом случае $i = j$, $\xi_1 = \eta_1$, $\xi_2 = \eta_2$. Предположим, что утверждение справедливо для любого натурального числа не превосходящего u. Покажем, что оно выполняется и для $u+1$. Мы рассмотрим только случай тождества

$$\psi(\Phi(CA\overline{\phi}^{\xi_1}(1)l_0q_ir_0\phi^{\xi_2}(1)BC)) =$$

$$\psi(\Phi(CA\overline{\phi}^{\eta_1}(1)l_0q_jr_0\phi^{\eta_2}(1)BC)).$$

Остальные тождества рассматриваются по той же схеме. Так как тождество

$$\psi(\Phi(CA\overline{\phi}^{\xi_1}(1)l_0q_ir_0\phi^{\xi_2}(1)BC)) =$$

$$\psi(\Phi(CA\overline{\phi}^{\eta_1}(1)l_0q_jr_0\phi^{\eta_2}(1)BC))$$

выводимо из системы тождеств Σ', причем длина вывода равна $u+1$, существует цепочка равенств

$$\psi(\Phi(CA\overline{\phi}^{\xi_1}(1)l_0q_ir_0\phi^{\xi_2}(1)BC)) =$$

$$w_1 = w_2 = \cdots = w_u =$$

$$\psi(\Phi(CA\overline{\phi}^{\eta_1}(1)l_0q_jr_0\phi^{\eta_2}(1)BC))$$

такая, что каждое последующее слово в этой цепочке получено из предыдущего применением одного из тождеств из системы Σ'. В зависимости от значений η_1 и η_2 нам следует рассмотреть четыре случая:

$$\begin{cases} \eta_1 > 0, \\ \eta_2 = 0; \end{cases}$$

$$\begin{cases} \eta_1 > 0, \\ \eta_2 > 0; \end{cases}$$

$$\begin{cases}\eta_1 = 0,\\ \\ \eta_2 > 0;\end{cases}$$

$$\begin{cases}\eta_1 = 0,\\ \\ \eta_2 = 0.\end{cases}$$

Мы рассмотрим лишь первый случай, так как остальные три случая рассматриваются совершенно аналогично. Заметим, что к слову

$$\psi(\Phi(CA\overline{\phi}^{\eta_1}(1)l_0q_jr_0\phi^{\eta_2}(1)BC))$$

можно применить лишь одно из следующих тождеств:

$$\psi(\Phi(21l_0q_jr_01B)) = \psi(\Phi(21l_{\varepsilon_1}Q_kr_{\varepsilon_2}1B)),$$

$$\psi(\Phi(l_01)) = \psi(\Phi(1l_0)),$$

$$\psi(\Phi(r_01)) = \psi(\Phi(1r_0)),$$

$$\psi(\Phi(l_0Q_jr_0)) = \psi(\Phi(l_0q_jr_0)).$$

Если слово

$$\psi(\Phi(CA\overline{\phi}^{\eta_1}(1)l_0q_jr_0\phi^{\eta_2}(1)BC))$$

получено из слова w_u применением одного из тождеств

$$\psi(\Phi(l_01)) = \psi(\Phi(1l_0)),$$

$$\psi(\Phi(r_01)) = \psi(\Phi(1r_0)),$$

$$\psi(\Phi(l_0Q_jr_0)) = \psi(\Phi(l_0q_jr_0)),$$

то слово w_u будет иметь вид

$$\psi(\Phi(CAc_s\dots c_3c_2l_0c_1q_jr_0\phi^{\eta_2}(1)BC)),$$

$$\psi(\Phi(CA\overline{\phi}^{\eta_1}(1)l_0q_j1r_0BC)),$$

$$\psi(\Phi(CA\overline{\phi}^{\eta_1}(1)l_0Q_jr_0\phi^{\eta_2}(1)BC)),$$

соответственно. Следовательно одно из следующих трех тождеств:

$$\psi(\Phi(CA\overline{\phi}^{\xi_1}(1)l_0q_ir_0\phi^{\xi_2}(1)BC)) =$$

$$\psi(\Phi(CAc_s\dots c_3c_2l_0c_1q_jr_0\phi^{\eta_2}(1)BC)),$$

$$\psi(\Phi(CA\overline{\phi}^{\xi_1}(1)l_0q_ir_0\phi^{\xi_2}(1)BC)) =$$

$$\psi(\Phi(CA\overline{\phi}^{\eta_1}(1)l_0q_j1r_0BC)),$$

$$\psi(\Phi(CA\overline{\phi}^{\xi_1}(1)l_0q_ir_0\phi^{\xi_2}(1)BC)) =$$

$$\psi(\Phi(CA\overline{\phi}^{\eta_1}(1)l_0Q_jr_0\phi^{\eta_2}(1)BC)),$$

выводимо за u шагов. Поскольку

$$\psi(\Phi(CA\overline{\phi}^{\xi_1}(1)l_0q_ir_0\phi^{\xi_2}(1)BC)) =$$

$$\psi(\Phi(CAc_s\dots c_3c_2l_0c_1q_jr_0\phi^{\eta_2}(1)BC)),$$

$$\psi(\Phi(CA\overline{\phi}^{\xi_1}(1)l_0q_ir_0\phi^{\xi_2}(1)BC)) =$$

$$\psi(\Phi(CA\overline{\phi}^{\eta_1}(1)l_0q_j1r_0BC)),$$

$$\psi(\Phi(CA\overline{\phi}^{\xi_1}(1)l_0q_ir_0\phi^{\xi_2}(1)BC)) =$$

$$\psi(\Phi(CA\overline{\phi}^{\eta_1}(1)l_0Q_jr_0\phi^{\eta_2}(1)BC))-$$

тождества вида (8), (5) и (17), соответственно, к ним прнименимо предположение индукции. Следовательно существует конечное вычисление, при помощи которого машина $\mathbb{M}$ переходит из конфигурации $q_i\xi_1\xi_2$ в конфигурацию $q_j\eta_1\eta_2$ или наоборот, либо существует конечная последовательность конфигураций (1).

Если слово

$$\psi(\Phi(CA\overline{\phi}^{\eta_1}(1)l_0q_jr_0\phi^{\eta_2}(1)BC))$$

получено из слова w_u применением тождества

$$\psi(\Phi(21l_0q_jr_01B)) = \psi(\Phi(21l_{\varepsilon_1}Q_kr_{\varepsilon_2}1B)),$$

то слово w_u будет иметь вид

$$\psi(\Phi(CA\overline{\phi}^{\eta_1}(1)l_{\varepsilon_1}Q_kr_{\varepsilon_2}\phi^{\eta_2}(1)BC)).$$

Следовательно тождество

$$\psi(\Phi(CA\overline{\phi}^{\xi_1}(1)l_0q_ir_0\phi^{\xi_2}(1)BC)) =$$

$$\psi(\Phi(CA\overline{\phi}^{\eta_1}(1)l_{\varepsilon_1}Q_kr_{\varepsilon_2}\phi^{\eta_2}(1)BC))$$

выводимо за u шагов. Поскольку согласно предположению $\eta_2 = 0$, тождество

$$\psi(\Phi(CA\overline{\phi}^{\xi_1}(1)l_0q_ir_0\phi^{\xi_2}(1)BC)) =$$

$$\psi(\Phi(CA\overline{\phi}^{\eta_1}(1)l_{\varepsilon_1}Q_kr_{\varepsilon_2}\phi^{\eta_2}(1)BC))$$

можно представить в виде

$$\psi(\Phi(CA\overline{\phi}^{\xi_1}(1)l_0q_ir_0\phi^{\xi_2}(1)BC)) =$$

$$\psi(\Phi(CA\overline{\phi}^{\eta_1}(1)l_{\varepsilon_1}Q_kr_{\varepsilon_2}1BC)).$$

Кроме того, из равенства $\eta_2 = 0$ вытекает, что $\varepsilon_2 \neq -1$. Следовательно нам нужно рассмотреть шесть случаев в зависимости от значений ε_1 и ε_2:

$$\begin{cases}\varepsilon_1 = 1,\\ \varepsilon_2 = 1;\end{cases}$$
$$\begin{cases}\varepsilon_1 = 0,\\ \varepsilon_2 = 1;\end{cases}$$
$$\begin{cases}\varepsilon_1 = -1,\\ \varepsilon_2 = 1;\end{cases}$$
$$\begin{cases}\varepsilon_1 = 1,\\ \varepsilon_2 = 0;\end{cases}$$
$$\begin{cases}\varepsilon_1 = 0,\\ \varepsilon_2 = 0;\end{cases}$$
$$\begin{cases}\varepsilon_1 = -1,\\ \varepsilon_2 = 0.\end{cases}$$

Мы рассмотрим только первый случай, поскольку остальные случаи рассматриваются совершенно аналогично. Так как

$$\begin{cases}\varepsilon_1 = 1,\\ \varepsilon_2 = 1,\end{cases}$$

тождество

$$\psi(\Phi(CA\overline{\phi}^{\xi_1}(1)l_0q_ir_0\phi^{\xi_2}(1)BC)) =$$

$$\psi(\Phi(CA\overline{\phi}^{\eta_1}(1)l_{\varepsilon_1}Q_kr_{\varepsilon_2}1BC))$$

является тождеством вида $\mathfrak{M} = \psi(\Phi(\mathfrak{N}))$. Отсюда в силу того, что тождество

$$\psi(\Phi(CA\overline{\phi}^{\xi_1}(1)l_0q_ir_0\phi^{\xi_2}(1)BC)) =$$

$$\psi(\Phi(CA\overline{\phi}^{\eta_1}(1)l_{\varepsilon_1}Q_kr_{\varepsilon_2}1BC))$$

выводимо за u шагов, согласно предположению индукции вытекает, что существует конечное вычисление, при помощи которого машина $\mathbb{M}$ переходит из конфигурации $q_i\xi_1\xi_2$ в конфигурацию $q_k(\eta_1+1)1$ или наоборот, либо существует конечная последовательность конфигураций (1).

Кроме того, $\eta_2 = 0$ и команда

$$q_j01 \to q_k\varepsilon_1\varepsilon_2$$

переводит машину $\mathbb{M}$ из конфигурации $q_j\eta_1\eta_2$ в конфигурацию $q_j(\eta_1 + \varepsilon_1)(\eta_2 + \varepsilon_2)$. Следовательно существует конечное вычисление, при помощи которого машина $\mathbb{M}$ переходит из конфигурации $q_i\xi_1\xi_2$ в конфигурацию $q_j\eta_1\eta_2$ или наоборот, либо существует конечная последовательность конфигураций (1).

Предположим, что тождество

$$\psi(\Phi(CA\overline{\phi}^{2^n}(1)l_0q_1r_01BC)) =$$

$$\psi(\Phi(CA\overline{\phi}(1)l_0q_0r_01BC))$$

выводимо из системы тождеств Σ'. Тогда существует конечное вычисление, при помощи которого машина $\mathbb{M}$ переходит из конфигурации q_12^n0 в конфигурацию q_010 или наоборот, либо существует конечная последовательность конфигураций (1).

Очевидно, что существование конечного вычисления, при помощи которого машина $\mathbb{M}$ переходит из конфигурации $q_0 10$ в конфигурацию $q_1 2^n 0$ невозможно, поскольку по определению машины $\mathbb{M}$ состояние q_1 является начальным, а состояние q_0 - заключительным, т.е. $q_1 2^n$ - начальная конфигурация, $q_0 10$ - заключительная конфигурация. Предположим, что существует конечное вычисление, при помощи которого машина $\mathbb{M}$ переходит из конфигурации $q_1 2^n 0$ в конфигурацию $q_0 10$. Тогда по определению машины Минского $n \in \mathcal{P}$, что противоречит нашему предположению.

Рассмотрим теперь случай, когда существует конечная последовательность конфигураций (1). Заметим, что, вообще говоря, может существовать несколько последовательностей вида

$$q_{\alpha_1}\lambda_{\beta_1}\lambda_{\gamma_1}, q_{\alpha_2}\lambda_{\beta_2}\lambda_{\gamma_2}, \dots q_{\alpha_l}\lambda_{\beta_l}\lambda_{\gamma_l}.$$

Поэтому зафиксируем некоторую последовательность вида

$$q_{\alpha_1}\lambda_{\beta_1}\lambda_{\gamma_1}, q_{\alpha_2}\lambda_{\beta_2}\lambda_{\gamma_2}, \dots q_{\alpha_l}\lambda_{\beta_l}\lambda_{\gamma_l}$$

такую, что число l минимально. Если $l = 1$, то в силу того, что $q_1 2^n$ - начальная конфигурация, $q_0 10$ - заключительная конфигурация, существует конечное вычисление, при помощи которого машина $\mathbb{M}$ переходит из конфигурации $q_1 2^n$ в конфигурацию $q_{\alpha_1}\lambda_{\beta_1}\lambda_{\gamma_1}$ и существует конечное вычисление, при помощи которого машина $\mathbb{M}$ переходит из конфигурации $q_{\alpha_1}\lambda_{\beta_1}\lambda_{\gamma_1}$ в конфигурацию $q_0 10$. Поэтому существует конечное вычисление, при помощи которого машина $\mathbb{M}$ переходит из конфигурации $q_1 2^n$ в конфигурацию $q_0 10$, что, как замечено выше, приводит нас к противоречию. Следовательно в дальнейшем мы можем полагать, что $l > 1$.

Предположим, что существует конечное вычисление, при помощи которого машина $\mathbb{M}$ переходит из конфигурации $q_{\alpha_{l-1}}\lambda_{\beta_{l-1}}\lambda_{\gamma_{l-1}}$ в конфигурацию $q_{\alpha_l}\lambda_{\beta_l}\lambda_{\gamma_l}$. Так как $q_0 10$ - заключительная конфигурация, существует конечное вычисление, при помощи которого машина $\mathbb{M}$ переходит из конфигурации $q_{\alpha_l}\lambda_{\beta_l}\lambda_{\gamma_l}$ в конфигурацию $q_0 10$. Отсюда вытекает, что существует конечное вычисление, при помощи которого машина $\mathbb{M}$ переходит из конфигурации $q_{\alpha_{l-1}}\lambda_{\beta_{l-1}}\lambda_{\gamma_{l-1}}$ в конфигурацию $q_0 10$. Следовательно конфигурацию $q_{\alpha_l}\lambda_{\beta_l}\lambda_{\gamma_l}$ мы можем исключить из рассмотрения, и вместо

$$q_{\alpha_1}\lambda_{\beta_1}\lambda_{\gamma_1}, q_{\alpha_2}\lambda_{\beta_2}\lambda_{\gamma_2}, \dots q_{\alpha_l}\lambda_{\beta_l}\lambda_{\gamma_l}$$

мы можем рассматривать последовательность

$$q_{\alpha_1}\lambda_{\beta_1}\lambda_{\gamma_1}, q_{\alpha_2}\lambda_{\beta_2}\lambda_{\gamma_2}, \dots q_{\alpha_{l-1}}\lambda_{\beta_{l-1}}\lambda_{\gamma_{l-1}},$$

что противоречит нашему предположению о минимальности числа l. Поэтому существует конечное вычисление, при помощи которого машина $\mathbb{M}$ переходит из конфигурации $q_{\alpha_l}\lambda_{\beta_l}\lambda_{\gamma_l}$ в конфигурацию $q_{\alpha_{l-1}}\lambda_{\beta_{l-1}}\lambda_{\gamma_{l-1}}$. Заметим, что по определению машины Минского для любых трех конфигураций $q_{\tau_1}\tau_2\tau_3$, $q_{\tau_4}\tau_5\tau_6$, $q_{\tau_7}\tau_8\tau_9$ если существует конечное вычисление, при помощи которого машина переходит из конфигурации $q_{\tau_1}\tau_2\tau_3$ в конфигурацию $q_{\tau_4}\tau_5\tau_6$, и существует конечное вычисление, при помощи которого машина переходит из конфигурации $q_{\tau_1}\tau_2\tau_3$ в конфигурацию $q_{\tau_7}\tau_8\tau_9$, то одно из этих двух вычислений является начальной частью другого. Так как $q_0 10$ - заключительная конфигурация, очевидно, что конечное вычисление, при помощи которого машина $\mathbb{M}$ переходит из конфигурации $q_{\alpha_l}\lambda_{\beta_l}\lambda_{\gamma_l}$ в конфигурацию $q_0 10$, не может быть начальной частью вычисления, при помощи которого машина $\mathbb{M}$ переходит из конфигурации $q_{\alpha_l}\lambda_{\beta_l}\lambda_{\gamma_l}$ в конфигурацию $q_{\alpha_{l-1}}\lambda_{\beta_{l-1}}\lambda_{\gamma_{l-1}}$. Следовательно вычисление, при помощи которого машина $\mathbb{M}$ переходит из конфигурации $q_{\alpha_l}\lambda_{\beta_l}\lambda_{\gamma_l}$ в конфигурацию $q_{\alpha_{l-1}}\lambda_{\beta_{l-1}}\lambda_{\gamma_{l-1}}$, является начальной частью вычисления, при помощи которого машина $\mathbb{M}$ переходит из конфигурации $q_{\alpha_l}\lambda_{\beta_l}\lambda_{\gamma_l}$ в конфигурацию $q_0 10$. Отсюда вытекает, что последовательность

$$q_{\alpha_1}\lambda_{\beta_1}\lambda_{\gamma_1}, q_{\alpha_2}\lambda_{\beta_2}\lambda_{\gamma_2}, \dots q_{\alpha_{l-1}}\lambda_{\beta_{l-1}}\lambda_{\gamma_{l-1}}, q_{\alpha_l}\lambda_{\beta_l}\lambda_{\gamma_l}$$

мы можем заменить на последовательность

$$q_{\alpha_1}\lambda_{\beta_1}\lambda_{\gamma_1}, q_{\alpha_2}\lambda_{\beta_2}\lambda_{\gamma_2}, \dots$$

$$\dots q_{\alpha_{l-1}}\lambda_{\beta_{l-1}}\lambda_{\gamma_{l-1}}, q_{\alpha_l}\lambda_{\beta_l}\lambda_{\gamma_l}, q_{\alpha_{l-1}}\lambda_{\beta_{l-1}}\lambda_{\gamma_{l-1}},$$

а последнюю, в свою очередь, заменить на последовательность

$$q_{\alpha_1}\lambda_{\beta_1}\lambda_{\gamma_1}, q_{\alpha_2}\lambda_{\beta_2}\lambda_{\gamma_2}, \dots q_{\alpha_{l-1}}\lambda_{\beta_{l-1}}\lambda_{\gamma_{l-1}},$$

после чего снова придем к противоречию с предположением о минимальности числа l.

Таким образом мы убедились в том, что тождество

$$\psi(\Phi(CA\overline{\phi}^{2^n}(1)l_0q_1r_01BC)) =$$

$$\psi(\Phi(CA\overline{\phi}(1)l_0q_0r_01BC))$$

не выводимо из системы тождеств Σ'.

Пусть

$$u = v \in \{\psi(\Phi(l_01)) = \psi(\Phi(1l_0)),$$

$$\psi(\Phi(l_02)) = \psi(\Phi(2l_0)),$$

$$\psi(\Phi(l_03)) = \psi(\Phi(3l_0)),$$

$$\psi(\Phi(1l_1)) = \psi(\Phi(l_1'\overline{b_{1,1}})),$$

$$\psi(\Phi(2l_1)) = \psi(\Phi(l_1'\overline{b_{2,1}})),$$

$$\psi(\Phi(3l_1)) = \psi(\Phi(l_1'\overline{b_{3,1}})),$$

$$\psi(\Phi(1l_1')) = \psi(\Phi(l_1\overline{b_{1,0}})),$$

$$\psi(\Phi(2l_1')) = \psi(\Phi(l_1\overline{b_{2,0}})),$$

$$\psi(\Phi(3l'_1)) = \psi(\Phi(l_1\overline{b_{3,0}})),$$

$$\psi(\Phi(\overline{b_{1,1}}l_{-1})) = \psi(\Phi(l'_{-1}1)),$$

$$\psi(\Phi(\overline{b_{2,1}}l_{-1})) = \psi(\Phi(l'_{-1}2)),$$

$$\psi(\Phi(\overline{b_{3,1}}l_{-1})) = \psi(\Phi(l'_{-1}3)),$$

$$\psi(\Phi(\overline{b_{1,0}}l'_{-1})) = \psi(\Phi(l_{-1}1)),$$

$$\psi(\Phi(\overline{b_{2,0}}l'_{-1})) = \psi(\Phi(l_{-1}2)),$$

$$\psi(\Phi(\overline{b_{3,0}}l'_{-1})) = \psi(\Phi(l_{-1}3)),$$

$$\psi(\Phi(r_0 1)) = \psi(\Phi(1 r_0)),$$

$$\psi(\Phi(r_0 2)) = \psi(\Phi(2 r_0)),$$

$$\psi(\Phi(r_0 3)) = \psi(\Phi(3 r_0)),$$

$$\psi(\Phi(r_1 1)) = \psi(\Phi(b_{1,1}r'_1)),$$

$$\psi(\Phi(r_1 2)) = \psi(\Phi(b_{2,1}r'_1)),$$

$$\psi(\Phi(r_1 3)) = \psi(\Phi(b_{3,1}r'_1)),$$

$$\psi(\Phi(1 r'_1)) = \psi(\Phi(b_{1,0}r_1)),$$

$$\psi(\Phi(2r_1')) = \psi(\Phi(b_{2,0}r_1)),$$

$$\psi(\Phi(3r_1')) = \psi(\Phi(b_{3,0}r_1)),$$

$$\psi(\Phi(r_{-1}b_{1,1})) = \psi(\Phi(1r_{-1}')),$$

$$\psi(\Phi(r_{-1}b_{2,1})) = \psi(\Phi(2r_{-1}')),$$

$$\psi(\Phi(r_{-1}b_{3,1})) = \psi(\Phi(3r_{-1}')),$$

$$\psi(\Phi(r_{-1}'b_{1,0})) = \psi(\Phi(1r_{-1})),$$

$$\psi(\Phi(r_{-1}'b_{2,0})) = \psi(\Phi(2r_{-1})),$$

$$\psi(\Phi(r_{-1}'b_{3,0})) = \psi(\Phi(3r_{-1})),$$

$$\psi(\Phi(l_0Q_jr_0)) = \psi(\Phi(l_0q_jr_0))\}.$$

Очевидно, что тождество $u = v$ не выводимо из системы тождеств $\Sigma_n \backslash \{u = v\}$, поскольку ни одно из тождеств системы $\Sigma_n \backslash \{u = v\}$ не применимо ни к слову u, ни к слову v. Совершенно аналогично, если

$$u = v \in \{\psi(\Phi(Al_{-1}')) = \psi(\Phi(Al_0)),$$

$$\psi(\Phi(Al_1')) = \psi(\Phi(Al_0)),$$

$$\psi(\Phi(r_1'B)) = \psi(\Phi(r_0B)),$$

$$\psi(\Phi(r_{-1}'B)) = \psi(\Phi(r_0B))\},$$

то ни одно из тождеств системы $\Sigma_n \backslash \{u = v\}$ не применимо ни к слову u и следовательно тождество $u = v$ не выводимо из системы тождеств $\Sigma_n \backslash \{u = v\}$.

Рассмотрим теперь случай, когда

$$u = v \in \{\psi(\Phi(A1l_0q_ir_01B)) = \psi(\Phi(A1l_{\varepsilon_1}Q_jr_{\varepsilon_2}1B)),$$

$$\psi(\Phi(A1l_0q_ir_012)) = \psi(\Phi(A1l_{\varepsilon_1}Q_jr_{\varepsilon_2}12)),$$

$$\psi(\Phi(21l_0q_ir_01B)) = \psi(\Phi(21l_{\varepsilon_1}Q_jr_{\varepsilon_2}1B)),$$

$$\psi(\Phi(21l_0q_ir_012)) = \psi(\Phi(21l_{\varepsilon_1}Q_jr_{\varepsilon_2}12))\}.$$

Предположим, что тождество $u = v$ выводимо из системы тождеств $\Sigma_n \backslash \{u = v\}$. Тогда существует цепочка равенств

$$u = w_1 = w_2 = \cdots = w_l = v$$

такая, что каждое последующее слово в этой цепочке получено из предыдущего применением одного из тождеств из системы $\Sigma_n \backslash \{u = v\}$. Допустим, что в цепочке

$$u = w_1 = w_2 = \cdots = w_l = v$$

по крайней мере одно из равенств получено при помощи тождества

$$\psi(\Phi(CA\overline{\phi}^{2^n}(1)l_0q_1r_01BC)) =$$

$$\psi(\Phi(CA\overline{\phi}(1)l_0q_0r_01BC)).$$

Тогда существует $i \leq l$ такое, что равенство $w_i = w_{i+1}$ получено при помощи тождества

$$\psi(\Phi(CA\overline{\phi}^{2^n}(1)l_0q_1r_01BC)) =$$

$$\psi(\Phi(CA\overline{\phi}(1)l_0q_0r_01BC))$$

и для любого $j < i$ равенства $w_j = w_{j+1}$ получены при помощи тождеств из множества

$$\Sigma_n \backslash \{u = v, \psi(\Phi(CA\overline{\phi}^{2^n}(1)l_0q_1r_01BC)) =$$

$$\psi(\Phi(CA\overline{\phi}(1)l_0q_0r_01BC))\}.$$

Поскольку

$$u \in \{\psi(\Phi(A1l_0q_ir_01B)),$$

$$\psi(\Phi(A1l_{\varepsilon_1}Q_jr_{\varepsilon_2}1B)),$$

$$\psi(\Phi(A1l_0q_ir_012)),$$

$$\psi(\Phi(A1l_{\varepsilon_1}Q_jr_{\varepsilon_2}12)),$$

$$\psi(\Phi(21l_0q_ir_01B)),$$

$$\psi(\Phi(21l_{\varepsilon_1}Q_jr_{\varepsilon_2}1B)),$$

$$\psi(\Phi(21l_0q_ir_012)),$$

$$\psi(\Phi(21l_{\varepsilon_1}Q_jr_{\varepsilon_2}12))\},$$

u является подсловом одного из слов из множества

$$M = \{\psi(\Phi(CA\overline{\phi}^{\eta_1}(1)l_0q_jr_0\phi^{\eta_2}(1)BC)),$$

$$\psi(\Phi(CA\overline{\phi}^{\eta_1}(1)l_0Q_jr_0\phi^{\eta_2}(1)BC)),$$

$$\psi(\Phi(CA\overline{\phi}^{\eta_1}(1)l_0Q_ja_1a_2\ldots a_pb_t\phi(a_{p+1}a_{p+2}\ldots a_s)BC)),$$

$$\psi(\Phi(CA\overline{\phi}^{\eta_1}(1)l_0Q_j\phi(a_1a_2\ldots a_p)b_ta_{p+1}a_{p+2}\ldots a_sBC)),$$

$$\psi(\Phi(CA\overline{\phi}^{\eta_1}(1)l_0Q_ja_1a_2\ldots a_pr_0a_{p+1}a_{p+2}\ldots a_sBC)),$$

$$\psi(\Phi(CA\overline{\phi}(a_s\ldots a_{p+2}a_{p+1})b_ta_p\ldots a_2a_1Q_jr_0\phi^{\eta_2}(1)BC)),$$

$$\psi(\Phi(CAa_s\ldots a_{p+2}a_{p+1}b_t\overline{\phi}(a_p\ldots a_2a_1)Q_jr_0\phi^{\eta_2}(1)BC)),$$

$$\psi(\Phi(CAa_s\ldots a_{p+2}a_{p+1}l_0a_p\ldots a_2a_1Q_jr_0\phi^{\eta_2}(1)BC)),$$

$$\psi(\Phi(CA\overline{\phi}(c_{s_1}\ldots c_{p_1+2}c_{p_1+1})d_{t_1}c_{p_1}\ldots c_2c_1Q_j$$

$$a_1a_2\ldots a_{p_2}b_{t_2}\phi(a_{p_2+1}a_{p_2+2}\ldots a_{s_2})BC)),$$

$$\psi(\Phi(CAc_{s_1}\ldots c_{p_1+2}c_{p_1+1}d_{t_1}\overline{\phi}(c_{p_1}\ldots c_2c_1)Q_j$$

$$a_1a_2\ldots a_{p_2}b_{t_2}\phi(a_{p_2+1}a_{p_2+2}\ldots a_{s_2})BC)),$$

$$\psi(\Phi(CAc_{s_1}\ldots c_{p_1+2}c_{p_1+1}l_0c_{p_1}\ldots c_2c_1Q_j$$

$$a_1a_2\ldots a_{p_2}b_{t_2}\phi(a_{p_2+1}a_{p_2+2}\ldots a_{s_2})BC)),$$

$$\psi(\Phi(CA\overline{\phi}(c_{s_1}\dots c_{p_1+2}c_{p_1+1})d_{t_1}c_{p_1}\dots c_2c_1Q_j$$

$$\phi(a_1a_2\dots a_{p_2})b_{t_2}a_{p_2+1}a_{p_2+2}\dots a_{s_2}BC)),$$

$$\psi(\Phi(CAc_{s_1}\dots c_{p_1+2}c_{p_1+1}d_{t_1}\overline{\phi}(c_{p_1}\dots c_2c_1)Q_j$$

$$\phi(a_1a_2\dots a_{p_2})b_{t_2}a_{p_2+1}a_{p_2+2}\dots a_{s_2}BC)),$$

$$\psi(\Phi(CAc_{s_1}\dots c_{p_1+2}c_{p_1+1}l_0c_{p_1}\dots c_2c_1Q_j$$

$$\phi(a_1a_2\dots a_{p_2})b_{t_2}a_{p_2+1}a_{p_2+2}\dots a_{s_2}BC)),$$

$$\psi(\Phi(CA\overline{\phi}(c_{s_1}\dots c_{p_1+2}c_{p_1+1})d_{t_1}c_{p_1}\dots c_2c_1Q_j$$

$$a_1a_2\dots a_{p_2}r_0a_{p_2+1}a_{p_2+2}\dots a_{s_2}BC)),$$

$$\psi(\Phi(CAc_{s_1}\dots c_{p_1+2}c_{p_1+1}d_{t_1}\overline{\phi}(c_{p_1}\dots c_2c_1)Q_j$$

$$a_1a_2\dots a_{p_2}r_0a_{p_2+1}a_{p_2+2}\dots a_{s_2}BC)),$$

$$\psi(\Phi(CAc_{s_1}\dots c_{p_1+2}c_{p_1+1}l_0c_{p_1}\dots c_2c_1Q_j$$

$$a_1a_2\dots a_{p_2}r_0a_{p_2+1}a_{p_2+2}\dots a_{s_2}BC))\}.$$

Используя рассуждения, приведенные при рассмотрении системы тождеств Σ', можно убедиться в том, что применение тождества системы Σ' к слову из множества M переводит это слово в слово из того же множества. Поэтому для любого $j \in \{1, 2, \dots, i\}$ слово w_j является подсловом слова из множества M. Тождество

$$\psi(\Phi(CA\overline{\phi}^{2^n}(1)l_0q_1r_01BC)) =$$

$$\psi(\Phi(CA\overline{\phi}(1)l_0q_0r_01BC))$$

не применимо ни к какому слову из множества M. Следовательно тождество

$$\psi(\Phi(CA\overline{\phi}^{2^n}(1)l_0q_1r_01BC)) =$$

$$\psi(\Phi(CA\overline{\phi}(1)l_0q_0r_01BC))$$

не применимо и ни к какому подслову слова из этого множества, что противоречит нашему предположению о том, что слово w_{i+1} получено из слова w_i при помощи тождества

$$\psi(\Phi(CA\overline{\phi}^{2^n}(1)l_0q_1r_01BC)) =$$

$$\psi(\Phi(CA\overline{\phi}(1)l_0q_0r_01BC)).$$

Отсюда вытекает, что если тождество $u = v$ выводимо из системы тождеств $\Sigma_n \backslash \{u = v\}$, то это тождество выводимо и из системы тождеств $\Sigma' \backslash \{u = v\}$. В силу того, что тождество $u = v \in \Sigma'$, мы получили противоречие с независимостью системы тождеств Σ'.

Итак, мы убедились в том, что система тождеств Σ_n независима тогда и только тогда, когда $n \notin \mathcal{P}$. Отсюда в силу нерекурсивности множества $\mathcal{P}$ вытекает требуемое нам утверждение.

Заметим, что случай бесконечной рекурсивной системы тождеств может быть рассмотрен по той же схеме. При это достаточно для любого $n \in \mathbb{N}$ вместо системы тождеств Σ_n взять систему тождеств

$$\Sigma' \cup \{\psi(\Phi(CA\overline{\phi}^{2^n}(1)l_0q_1r_01BC)) =$$

$$\psi(\Phi(CA\overline{\phi}(1)l_0q_0r_01BC))\}\cup$$

$$\{\psi(\Phi(CAC\overline{\phi}^{2^i}(1)BC)) =$$

$$\psi(\Phi(CA\overline{\phi}^{2^i}(1)CBC)) \mid i \in \mathbb{N}\}.$$

§3. Независимость конечных систем тождеств групп

В этом параграфе мы рассмотрим доказательство теоремы 1 для конечной системы групповых тождеств. При доказательстве теоремы 1 в этом случае мы будем следовать обозначениям работы [182]. Пусть $v = 1$ - тождество, определяющее группу $S(l_0, 2)$. Положим $f_k = w^4_{D_k} \cdot v$, где $D_k = D_0 - k$ $(k \in \mathbb{Z})$, слова $w^4_{D_k}$ и v записаны на непересекающихся множествах переменных. Тогда по следствию 3.6 из [182] слово w^4_0 является следствием слова f_k тогда и только тогда, когда уравнение $D_0 = k$ разрешимо в целых числах.

Поскольку D_0 - многочлен, множество всех значений которого при произвольных целых значениях переменных нерекурсивно, существующий согласно [187], множество $\mathbb{K}$ натуральных чисел k таких, что уравнение $D_0 = k$ разрешимо в целых числах, нерекурсивно, а значит нерекурсивно и множество натуральных чисел k таких, что слово w^4_0 является следствием слова f_k.

Предположим, что для некоторого натурального числа k_0 слово f_{k_0} является следствием слова w^4_0. Тогда, поскольку $f_{k_0} = w^4_{D_{k_0}} \cdot v$, где $D_{k_0} = D_0 - k_0$, слова $w^4_{D_{k_0}}$ и v записаны на непересекающихся множествах переменных, слово $w^4_{D_{k_0}}$ будет следствием слова w^4_0. Согласно предложению 6.1 из [182] если $\{P_i\}_{i \in I}$ - множество многочленов из K_{l_0} таких, что $P_i[\mathbb{Z}] \not\supset P_j[\mathbb{Z}]$ при $i \neq j$, то система слов

$$\{w^4_{P_i}\}_{i \in I}$$

независима в многообразии $\mathfrak{S}(l_0, m)$ для любого $m \geq 2$. Отсюда с учетом того факта, что слово $w^4_{D_{k_0}}$ является следствием слова w^4_0, получаем, что либо

$$D_{k_0}[\mathbb{Z}] \supset 0[\mathbb{Z}],$$

либо

$$0[\mathbb{Z}] \supset D_{k_0}[\mathbb{Z}].$$

По определению $0[\mathbb{Z}]$ - множество всех значений многочлена 0, принимаемых при любых целочисленных значениях переменных, а $D_{k_0}[\mathbb{Z}]$ - множество всех значений многочлена D_{k_0}, принимаемых при любых целочисленных значениях переменных. Очевидно, что $0[\mathbb{Z}] = 0$. Отсюда согласно выбору многочлена D_{k_0} вытекает, что для любого k_0 соотношение

$$0[\mathbb{Z}] \supset D_{k_0}[\mathbb{Z}]$$

ложно. Следовательно должно выполняться соотношение

$$D_{k_0}[\mathbb{Z}] \supset 0[\mathbb{Z}].$$

Так как $D_{k_0}[\mathbb{Z}] \supset 0[\mathbb{Z}]$ и $0[\mathbb{Z}] = 0$, имеем $0 \in D_{k_0}[\mathbb{Z}]$. Поскольку $0 \in D_{k_0}[\mathbb{Z}]$, уравнение $D_0 = k_0$ разрешимо в целых числах. По определению многочлена D_0 это воэможно лишь в том случае, когда $k_0 \in \mathbb{K}$. Таким образом если $k_0 \notin \mathbb{K}$, то уравнение $D_0 = k_0$ неразрешимо в целых числах, а значит соотношение $D_{k_0}[\mathbb{Z}] \supset 0[\mathbb{Z}]$ ложно и слово $w^4_{D_{k_0}}$ не является следствием слова w^4_0.

Заметим, что для доказательства теоремы нам достаточно показать, что существует рекурсивное семейство конечных систем групповых тождеств Σ_i, где $i \in \mathbb{N}$, такое, что не существует алгоритма, определяющего по произвольному натуральному числу i, является ли система тождеств Σ_i независимой. Пусть

$$\Sigma_i \rightleftharpoons \{f_i = 1, w^4_0 = 1\}.$$

Покажем, что система тождеств Σ_i независима тогда и только тогда, когда $i \notin \mathbb{K}$.

В самом деле, пусть $i \notin \mathbb{K}$. Как показано выше, тождество $w_0^4 = 1$ является следствием тождества $f_i = 1$ тогда и только тогда, когда $i \in \mathbb{K}$. Кроме того, как замечено выше, если $i \notin \mathbb{K}$, то слово $w_{D_i}^4$ не является следствием слова w_0^4. Поскольку $f_i = w_{D_i}^4 \cdot v$ и слова $w_{D_i}^4$ и v записаны на непересекающихся множествах переменных, отсюда вытекает, что слово f_i не является следствием слова w_0^4, а значит тождество $f_i = 1$ не является следствием тождества $w_0^4 = 1$. Поэтому если $i \notin \mathbb{K}$, то система тождеств Σ_i независима. Если $i \in \mathbb{K}$, то тождество $w_0^4 = 1$ является следствием тождества $f_i = 1$, т.е. система тождеств Σ_i зависима. Итак, мы показали, что система тождеств Σ_i независима тогда и только тогда, когда $i \notin \mathbb{K}$. Отсюда в силу нерекурсивности множества $\mathbb{K}$ вытекает, что не существует алгоритма, определяющего по произвольной конечной системе групповых тождеств, является ли эта система независимой.

§4. Независимость бесконечных систем тождеств колец

В этом параграфе мы рассмотрим доказательство теоремы 1 для бесконечной системы кольцевых тождеств.

Прежде чем перейти непосредственно к доказательству теоремы 1 для бесконечной системы кольцевых тождеств, введем ряд обозначений. Пусть $\mathcal{K}$ - некоторое, не обязательно ассоциативное кольцо,

$$a_1, a_2, \ldots, a_{n-1}, a_n \in \mathcal{K}.$$

Определим левонормированное произведение

$$a_1 a_2 \ldots a_{n-1} a_n$$

индукцией по n, полагая

$$a_1 a_2 \ldots a_{n-1} a_n = (a_1 a_2 \ldots a_{n-1}) a_n$$

при $n > 1$. При $n = 1$ имеем просто a_1. Более того, полагаем

$$a_1 \underbrace{a_2 \ldots a_2}_{m} = a_1 {a_2}^m,$$

b^0 - пустой символ для любого символа b. Пусть

$$X = \{x_1, x_2, \ldots, x_n, \ldots\} -$$

некоторое счетное множество, Γ - свободный группоид с множеством свободных образующих X. Обозначим через F свободное кольцо, базисом которого, как $\mathbb{Z}$-модуля, является множество Γ. Определим линейные отображения A, B, C, D, Q_i, где $i \in \{0, 1, \ldots, m\}$, переводящие элементы декартова произведения $F \times F$ в элементы кольца F, полагая:

$$A(y, x) = ((x(((x(yx))x)x))x),$$

$$B(y, x) = ((x((((x(yx))x)x)x))x),$$

$$C(y, x) = ((x(((((x(yx))x)x)x)x))x),$$

$$D(y, x) = ((x((((((x(yx))x)x)x)x)x))x),$$

$$Q_i(y, x) = ((x(\ldots(x(yx))x\ldots x))x).$$

В последнее выражение x входит $i + 10$ раз. Пусть W - множество функций

$$\{A, B, C, D, Q_i \mid i{\in}\{0, \ldots, m\}\}.$$

Если

$$Y_1 = Y_1(x, y),$$

$$Y_2 = Y_2(x, y),$$

$$\ldots$$

$$Y_{n-1} = Y_{n-1}(x, y),$$

$$Y_n = Y_n(x, y)$$

являются некоторыми из введенных выше отображений, то суперпозицию этих отображений вида

$$Y_2(Y_1(z_1, z_2), z_3)$$

будем обозначать через

$$Y_1(z_1, z_2)Y_2(z_3),$$

распространяя это обозначение индукцией по n, полагая

$$Y_n(Y_1(z_1, z_2)Y_2(z_3)\dots Y_{n-1}(z_n), z_{n+1}) =$$

$$Y_1(z_1, z_2)Y_2(z_3)\dots Y_{n-1}(z_n)Y_n(z_{n+1}).$$

Кроме того, считаем, что

$$X(z_1, z_2)Y^n(z_3) =$$

$$X(z_1, z_2)\underbrace{Y(z_3)\dots Y(z_3)}_{n}.$$

Определим теперь линейные отображения $\overline{A}$, $\overline{B}$, переводящие элементы декартова произведения $F \times F$ в элементы кольца F, полагая:

$$\overline{A}(y, x) = (x((x(x((xy)x)))x)),$$

$$\overline{B}(y, x) = (x((x(x(x((xy)x))))x)).$$

Пусть $\overline{W}$ - множество функций $\{\overline{A}, \overline{B}\}$. Если

$$\overline{Y_1} = \overline{Y_1}(x, y),$$

$$\overline{Y_2} = \overline{Y_2}(x, y),$$

$$\dots$$

$$\overline{Y_{n-1}} = \overline{Y_{n-1}}(x, y),$$

$$\overline{Y_n} = \overline{Y_n}(x, y)$$

являются некоторыми из отображений из множества $\overline{W}$, то суперпозицию этих отображений вида

$$\overline{Y_2}(\overline{Y_1}(z_1, z_2), z_3)$$

будем обозначать через

$$\overline{Y_2}(z_3)\overline{Y_1}(z_1, z_2),$$

распространяя это обозначение индукцией по n, полагая

$$\overline{Y_n}(\overline{Y_{n-1}}(z_n) \dots \overline{Y_2}(z_3)\overline{Y_1}(z_1, z_2), z_{n+1}) =$$

$$\overline{Y_n}(z_{n+1})\overline{Y_{n-1}}(z_n) \dots \overline{Y_2}(z_3)\overline{Y_1}(z_1, z_2).$$

Кроме того, считаем, что

$$\overline{Y}^n(z_3)\overline{X}(z_1, z_2) =$$

$$\underbrace{\overline{Y}(z_3) \dots \overline{Y}(z_3)}_{n} \overline{X}(z_1, z_2).$$

Пусть $\mathfrak{R}$ - многообразие всех метабелевых колец характеристики 2; $F\mathfrak{R}$ - кольцо, свободное в многообразии $\mathfrak{R}$ и имеющее счетное множество свободных образующих

$$\{e, e_1, \dots, e_n, \dots\}.$$

Считаем, что y^0 - пустой символ для любого символа y. Произвольной команде

$$q_i\delta_1\delta_2 \to q_j\varepsilon_1\varepsilon_2$$

машины $\mathbb{M}$ сопоставим в соответствии со следующей таблицей некоторое кольцевое тождество

δ_1	δ_2	ТОЖДЕСТВО
1	1	$Q_i(x,x)C(x)D(x) =$ $Q_j(x,x)A^{\varepsilon_1}(x)B^{\varepsilon_2}(x)C(x)D(x)$
1	0	$Q_i(x,x)A(x)D(x) =$ $Q_j(x,x)A^{\varepsilon_1+1}(x)B^{\varepsilon_2}(x)D(x)$
0	1	$Q_i(x,x)B(x)C(x) =$ $Q_j(x,x)A^{\varepsilon_1}(x)B^{\varepsilon_2+1}(x)C(x)$
0	0	$Q_i(x,x)A(x)B(x) =$ $Q_j(x,x)A^{\varepsilon_1+1}(x)B^{\varepsilon_2+1}(x)$

Пусть $\mathfrak{A}$ - многообразие колец, заданное системой тождеств

$$\{\overline{B}(x)\overline{A}^{2^{n+m}}(x)\overline{B}(x)\overline{A}(x)\overline{B}(x,x) = 0 \mid n \in \mathbb{N}\};$$

$\mathfrak{B}$ - многообразие колец, заданное тождествами

$$A(y,x)B(x) = B(y,x)A(x),$$

$$A(y,x)D(x) = D(y,x)A(x),$$

$$B(y,x)C(x) = C(y,x)B(x),$$

$$C(y,x)D(x) = D(y,x)C(x);$$

$\mathfrak{M}$ - многообразие колец, заданное тождествами, кодирующими команды машины $\mathbb{M}$;

$$\mathfrak{X} = \mathfrak{A} \cap \mathfrak{B} \cap \mathfrak{M} \cap \mathfrak{R}.$$

Рассмотрим рекурсивное семейство многообразий

$$\{\mathfrak{X}_n \mid n \in \mathbb{N}\},$$

где

$$\mathfrak{X}_n = \mathfrak{X} \cap \mathrm{var}\{Q_1(x,x)A^{2^n}(x)C(x)D(x) =$$

$$Q_0(x,x)A(x)C(x)D(x)\}.$$

Систему тождеств, задающую многообразие $\mathfrak{X}_n$, будем обозначать через Σ_n. В результате получим рекурсивное семейство бесконечных рекурсивных систем кольцевых тождеств $\{\Sigma_n \mid n \in \mathbb{N}\}$. Обозначим через $F\mathfrak{B}$, $F\mathfrak{M}$, $F\mathfrak{X}$, $F\mathfrak{X}_n$, $F\mathfrak{B}\cap\mathfrak{M}$ кольца счетного ранга, свободные в многообразиях $\mathfrak{B}$, $\mathfrak{M}$, $\mathfrak{X}$, $\mathfrak{X}_n$, $\mathfrak{B}\cap\mathfrak{M}$, соответственно. Для удобства свободные образующие колец $F\mathfrak{B}$, $F\mathfrak{M}$, $F\mathfrak{X}$, $F\mathfrak{X}_n$, $F\mathfrak{B}\cap\mathfrak{M}$ будем обозначать теми же буквами, что и образующие кольца $F\mathfrak{R}$.

Очевидно, что для доказательства теоремы достаточно показать, что не существует алгоритма, определяющего по произвольному натуральному числу n будет ли система тождеств Σ_n независима. Покажем, что система тождеств Σ_n независима тогда и только тогда, когда $n \notin \mathcal{P}$. Заметим, что в многообразии $\mathfrak{B}\cap\mathfrak{M}\cap\mathfrak{R}$ тождество

$$Q_1(x,x)A^{2^n}(x)C(x)D(x) =$$

$$Q_0(x,x)A(x)C(x)D(x)$$

выполняется тогда и только тогда, когда $n\in\mathcal{P}$. Очевидно, что если тождество

$$Q_1(x,x)A^{2^n}(x)C(x)D(x) =$$

$$Q_0(x,x)A(x)C(x)D(x)$$

выполняется в многообразии $\mathfrak{B}\cap\mathfrak{M}\cap\mathfrak{R}$, то это тождество выполняется и в многообразии $\mathfrak{X}$. Отсюда непосредственно вытекает, что если $n \in \mathcal{P}$, то система тождеств Σ_n зависима, в частности, из этой системы тождеств можно исключить тождество

$$Q_1(x,x)A^{2^n}(x)C(x)D(x) =$$

$$Q_0(x,x)A(x)C(x)D(x).$$

Поэтому в дальнейшем мы будем рассматривать только случай, когда $n \notin \mathcal{P}$.

Предположим, что система тождеств Σ_n зависима. Тогда из этой системы можно исключить какое-либо тождество, при этом мы должны получить систему Σ'_n, задающую то же самое многообразие, что и система тождеств Σ_n.

Заметим, что нижняя степень произвольного тождества системы

$$\Sigma'_n = \Sigma_n \backslash \{2x = 0\}$$

больше 1. Поэтому тождество $2x = 0$ не выводимо из системы тождеств Σ'_n.

Предположим теперь, что

$$\Sigma'_n = \Sigma_n \backslash \{(xy)(zt) = 0\},$$

В этом случае единственным тождеством системы Σ'_n, нижняя степень которого меньше 5, будет тождество $2x = 0$. Следовательно тождество $(xy)(zt) = 0$ выводимо из системы тождеств Σ'_n тогда и только тогда, когда оно выводимо из системы тождеств $\{2x = 0\}$. Непосредственная проверка позволяет убедиться в том, что тождество $(xy)(zt) = 0$ не выводимо из системы $\{2x = 0\}$, а значит не выводимо и из системы Σ'_n.

Рассмотрим теперь случай, когда

$$\Sigma'_n = \Sigma_n \backslash \{A(y,x)B(x) = B(y,x)A(x)\}.$$

Легко понять, что тождество $A(y,x)B(x) = B(y,x)A(x)$ выводимо из системы тождеств Σ'_n тогда и только тогда, когда оно выводимо из системы тождеств

$$\Sigma_n'' = \{ \quad 2x = 0,$$

$$(xy)(zt) = 0,$$

$$A(y,x)D(x) = D(y,x)A(x),$$

$$B(y,x)C(x) = C(y,x)B(x),$$

$$C(y,x)D(x) = D(y,x)C(x)\}.$$

Пусть $\mathfrak{X}'$ - многообразие, заданное системой тождеств Σ_n''. Предположим, что тождество

$$A(y,x)B(x) = B(y,x)A(x)$$

выводимо из системы тождеств Σ_n''. Тогда многообразие $\mathfrak{X}'$ должно удовлетворять этому тождеству. Обозначим через $F\mathfrak{X}'$ кольцо счетного ранга, свободное в многообразии $\mathfrak{X}'$. Заметим, что многообразие $\mathfrak{X}'$ удовлетворяет тождеству

$$A(y,x)B(x) = B(y,x)A(x)$$

тогда и только тогда, когда этому тождеству удовлетворяет кольцо $F\mathfrak{X}'$. В кольце $F\mathfrak{X}'$ тождество $A(y,x)B(x) = B(y,x)A(x)$ выполняется тогда и только тогда, когда в этом кольце выполняется соотношение

$$A(e_2,e_1)B(e_1) = B(e_2,e_1)A(e_1).$$

Обозначим через S множество многочленов $f(e)$, таких что $f(\vec{e}) = 0$ - соотношение в кольце $F\mathfrak{X}'$, полученное из одного из тождеств системы

$$\{A(y,x)D(x) = D(y,x)A(x),$$

$$B(y,x)C(x) = C(y,x)B(x),$$

$$C(y,x)D(x) = D(y,x)C(x)\}$$

подстановкой вместо переменных конкретных элементов кольца $F\mathfrak{X}'$. Пусть I - идеал кольца $F\mathfrak{R}$, порожденный множеством S. Тогда очевидно, что соотношение

$$A(e_2,e_1)B(e_1) = B(e_2,e_1)A(e_1)$$

выполняется в кольце $F\mathfrak{X}'$ тогда и только тогда, когда

$$A(e_2,e_1)B(e_1) + B(e_2,e_1)A(e_1)$$

является элементом идеала I. Из соотношения

$$A(e_2,e_1)B(e_1) + B(e_2,e_1)A(e_1) \in I$$

вытекает, что в кольце $F\mathfrak{R}$ выполняется равенство

$$A(e_2,e_1)B(e_1) + B(e_2,e_1)A(e_1) = \sum_{i,j} u_{i1}h_j u_{i2},$$

где $h_j \in S$, $u_{i1}h_j u_{i2}$ - некоторое произведение многочленов, имеющее вид

$$u_{i_1}^{(1)} \dots u_{i_1}^{(k)} h_j u_{i_2}^{(1)} \dots u_{i_2}^{(l)}$$

с некоторым расположением скобок. В силу дистрибутивности можно считать, что все многочлены, входящие в $u_{i1}h_j u_{i2}$, за исключением h_j, являются одночленами. Несложно убедиться в том, что для любых i и j многочлен $u_{i1}h_j u_{i2}$ имеет вид

$$u_{i1}(w_1(y,e_1)w_2(e_1) + w_2(y,e_1)w_1(e_1))u_{i2}$$

для некоторого одночлена y и

$$\{w_1, w_2\} \in \{\{A, D\}, \{B, C\}, \{C, D\}\}.$$

Следовательно произвольный одночлен многочлена

$$\sum_{i,j} u_{i1} h_j u_{i2}$$

содержит подслово вида $w_1(y, e_1)w_2(e_1)$, где

$$\{w_1, w_2\} \in \{\{A, D\}, \{B, C\}, \{C, D\}\}.$$

Отсюда вытекает, что произвольный одночлен многочлена

$$\sum_{i,j} u_{i1} h_j u_{i2}$$

содержит одно из следующих двух подслов: $C(y, e_1)$, $D(y, e_1)$. Допустим, что слово $A(e_2, e_1)B(e_1)$ содержит подслово $C(y, e_1)$ или подслово $D(y, e_1)$. Заметим, что длина слов $C(y, e_1)$ и $D(y, e_1)$ не меньше 9. Отсюда вытекает, что в кольце $F\mathfrak{R}$ должно выполняться одно из следующих 12 равенств:

$$C(y, e_1) = (e_1((((e_1(A(e_2, e_1)e_1))e_1)e_1)e_1))e_1,$$

$$C(y, e_1) = e_1((((e_1(A(e_2, e_1)e_1))e_1)e_1)e_1),$$

$$C(y, e_1) = (((e_1(A(e_2, e_1)e_1))e_1)e_1)e_1,$$

$$C(y, e_1) = ((e_1(A(e_2, e_1)e_1))e_1)e_1,$$

$$C(y, e_1) = (e_1(A(e_2, e_1)e_1))e_1,$$

$$C(y, e_1) = e_1(A(e_2, e_1)e_1),$$

$$D(y,e_1)=(e_1((((e_1(A(e_2,e_1)e_1))e_1)e_1)e_1))e_1,$$

$$D(y,e_1)=e_1((((e_1(A(e_2,e_1)e_1))e_1)e_1)e_1),$$

$$D(y,e_1)=(((e_1(A(e_2,e_1)e_1))e_1)e_1)e_1,$$

$$D(y,e_1)=((e_1(A(e_2,e_1)e_1))e_1)e_1,$$

$$D(y,e_1)=(e_1(A(e_2,e_1)e_1))e_1,$$

$$D(y,e_1)=e_1(A(e_2,e_1)e_1).$$

Непосредственной проверкой можно убедиться в том, что ни одно из этих 12 равенств не выполняется. Следовательно слово

$$A(e_2,e_1)B(e_1)$$

не содержит подслов $C(y,e_1)$ и $D(y,e_1)$. Совершенно аналогично можно убедиться в том, что и слово $B(e_2,e_1)A(e_1)$ не содержит подслов $C(y,e_1)$ и $D(y,e_1)$. Отсюда в силу свободы кольца $F\mathfrak{R}$ вытекает равенство

$$A(e_2,e_1)B(e_1)+B(e_2,e_1)A(e_1)=0,$$

что невозможно. Следовательно тождество

$$A(y,x)B(x)=B(y,x)A(x)$$

не выводимо из системы тождеств Σ_n'. Случаи тождеств

$$A(y,x)D(x)=D(y,x)A(x),$$

$$B(y,x)C(x)=C(y,x)B(x),$$

$$C(y,x)D(x) = D(y,x)C(x),$$

рассматриваются по той же схеме.

Рассмотрим теперь случай многообразия $\mathfrak{M}$. Пусть

$$\Sigma_n' = \Sigma_n \backslash \{Q_i(x,x)C(x)D(x) =$$

$$Q_j(x,x)A^{\varepsilon_1}(x)B^{\varepsilon_2}(x)C(x)D(x)\}.$$

Тождества

$$Q_i(x,x)A(x)D(x) =$$

$$Q_j(x,x)A^{\varepsilon_1+1}(x)B^{\varepsilon_2}(x)D(x),$$

$$Q_i(x,x)B(x)C(x) =$$

$$Q_j(x,x)A^{\varepsilon_1}(x)B^{\varepsilon_2+1}(x)C(x),$$

$$Q_i(x,x)A(x)B(x) =$$

$$Q_j(x,x)A^{\varepsilon_1+1}(x)B^{\varepsilon_2+1}(x)$$

рассматриваются совершенно аналогично.

Обозначим через $\mathfrak{X}'$ многообразие, заданное системой тождеств Σ_n'. Предположим, что тождество

$$Q_i(x,x)C(x)D(x) =$$

$$Q_j(x,x)A^{\varepsilon_1}(x)B^{\varepsilon_2}(x)C(x)D(x)$$

выводимо из системы тождеств Σ_n'. Тогда многообразие $\mathfrak{X}'$ должно удовлетворять этому тождеству. Обозначим через $F\mathfrak{X}'$ кольцо счетного ранга, свободное в многообразии $\mathfrak{X}'$. Заметим, что многообразие $\mathfrak{X}'$ удовлетворяет тождеству

$$Q_i(x,x)C(x)D(x) =$$

$$Q_j(x,x)A^{\varepsilon_1}(x)B^{\varepsilon_2}(x)C(x)D(x)$$

тогда и только тогда, когда этому тождеству удовлетворяет кольцо $F\mathfrak{X}'$. В кольце $F\mathfrak{X}'$ тождество

$$Q_i(x,x)C(x)D(x) =$$

$$Q_j(x,x)A^{\varepsilon_1}(x)B^{\varepsilon_2}(x)C(x)D(x)$$

выполняется тогда и только тогда, когда в этом кольце выполняется соотношение

$$Q_i(e,e)C(e)D(e) =$$

$$Q_j(e,e)A^{\varepsilon_1}(e)B^{\varepsilon_2}(e)C(e)D(e).$$

Обозначим через S множество многочленов $f(e)$, таких что $f(\vec{e}) = 0$ - соотношение в кольце $F\mathfrak{X}'$, полученное из одного из тождеств системы

$$\{Q_i(x,x)A(x)D(x) =$$

$$Q_j(x,x)A^{\varepsilon_1+1}(x)B^{\varepsilon_2}(x)D(x),$$

$$Q_i(x,x)B(x)C(x) =$$

$$Q_j(x,x)A^{\varepsilon_1}(x)B^{\varepsilon_2+1}(x)C(x),$$

$$Q_i(x,x)A(x)B(x) =$$

$$Q_j(x,x)A^{\varepsilon_1+1}(x)B^{\varepsilon_2+1}(x)\}$$

или из одного из тождеств, задающих многообразие

$$\mathfrak{A} \cap \mathfrak{B} \cap \mathrm{var}\{Q_1(x,x)A^{2^n}(x)C(x)D(x) =$$

$$Q_0(x,x)A(x)C(x)D(x)\},$$

подстановкой вместо переменных конкретных элементов кольца $F\mathfrak{X}'$. Пусть I - идеал кольца $F\mathfrak{R}$, порожденный множеством S. Тогда очевидно, что соотношение

$$Q_i(e,e)C(e)D(e) =$$

$$Q_j(e,e)A^{\varepsilon_1}(e)B^{\varepsilon_2}(e)C(e)D(e)$$

выполняется в кольце $F\mathfrak{X}'$ тогда и только тогда, когда многочлен

$$Q_i(e,e)C(e)D(e)+$$

$$Q_j(e,e)A^{\varepsilon_1}(e)B^{\varepsilon_2}(e)C(e)D(e)$$

является элементом идеала I. Из соотношения

$$Q_i(e,e)C(e)D(e)+$$

$$Q_j(e,e)A^{\varepsilon_1}(e)B^{\varepsilon_2}(e)C(e)D(e) \in I$$

вытекает, что в кольце $F\mathfrak{R}$ выполняется равенство

$$Q_i(e,e)C(e)D(e)+$$

$$Q_j(e,e)A^{\varepsilon_1}(e)B^{\varepsilon_2}(e)C(e)D(e)=\sum_{i,j}u_{i1}h_ju_{i2},$$

где $h_j \in S$, $u_{i1}h_ju_{i2}$ - некоторое произведение многочленов, имеющее вид

$$u_{i_1}^{(1)}\ldots u_{i_1}^{(k)}h_ju_{i_2}^{(1)}\ldots u_{i_2}^{(l)}$$

с некоторым расположением скобок. В силу дистрибутивности можно считать, что все многочлены, входящие в $u_{i1}h_ju_{i2}$, за исключением h_j, являются одночленами. Поскольку $F\mathfrak{R}$ - метабелево кольцо, то все эти одночлены принадлежат множеству свободных образующих. Так как в левой части равенства

$$Q_i(e,e)C(e)D(e)+$$

$$Q_j(e,e)A^{\varepsilon_1}(e)B^{\varepsilon_2}(e)C(e)D(e)=\sum_{i,j}u_{i1}h_ju_{i2}$$

стоит многочлен, зависящий только от образующего e, в силу свободы кольца $F\mathfrak{R}$ без ограничения общнисти можно считать, что в правой части этого равенства тоже стоит многочлен, зависящий только от образующего e.

Покажем, что сумма $\sum\limits_{i,j}u_{i1}h_ju_{i2}$ представима в виде f_1+f_2, где

$$f_1=\sum_{i,j}v_{i1}h_jv_{i1}$$

и каждый одночлен многочлена f_1 имеет вид

$$w_1(e,e)w_2(e)\ldots w_n(e)(w_i\in W),$$

а f_2 - многочлен, ни один одночлен которого не равен

$$Q_j(e,e)w_2(e)\ldots w_n(e)$$

ни для каких j и w_i из

$$W\backslash\{Q_i \mid i\in\{0,1,\dots,m\}\}.$$

Причем в многочлене f_1 для некоторого натурального числа j имеет место равенство $w_1 = Q_j$ и для любых l_1, l_2 имеет место соотношение $w_{l_1} \neq Q_{l_2}$ при условии $l_1 > 1$. Легко понять, что если для любых i и j многочлен $u_{i1}h_j u_{i2}$ можно представить в виде суммы $f_1 + f_2$, то и сумму $\sum\limits_{i,j} u_{i1}h_j u_{i2}$ можно представить в виде суммы $f_1 + f_2$. Рассмотрим многочлен $u_{i1}h_j u_{i2}$ для некоторых i и j. Без ограничения общности можно считать, что $i = j = 1$. В зависимости от того, получен ли многочлен h_1 из тождества многообразия

$$\mathfrak{M} \cap \operatorname{var}\{Q_1(x,x)A^{2^n}(x)C(x)D(x) =$$

$$Q_0(x,x)A(x)C(x)D(x)\},$$

из тождества многообразия $\mathfrak{A}$ или из тождества многообразия $\mathfrak{B}$, следует рассмотреть три случая.

Пусть h_1 получен из тождества многообразия $\mathfrak{M}$. Тогда

$$h_1 = \quad w_1(x,x)w_2(x)\dots w_n(x) +$$

$$w_{i_1}(x,x)w_{i_2}(x)\dots w_{i_m}(x), \qquad (2)$$

причем

$$w_1(x,x) = Q_i(x,x),$$

$$w_{i_1}(x,x) = Q_j(x,x),$$

$$w_l(x) \neq Q_k(x)$$

при $l \neq 1$, $l \neq i_1$. Отсюда в силу метабелевости кольца $F\mathfrak{R}$ получаем, что либо $h_1 = 0$, либо

$$h_1 = \quad w_1(e,e)w_2(e)\dots w_n(e) +$$

$$w_{i_1}(e,e)w_{i_2}(e)\dots w_{i_m}(e),$$

либо

$$h_1 = \quad w_1(e,e)w_2(e)\dots w_n(e) +$$

$$w_{i_1}(e,e)w_{i_2}(e)\dots w_{i_m}(e) +$$

$$w_1(y,e)w_2(e)\dots w_n(e) +$$

$$w_{i_1}(y,e)w_{i_2}(e)\dots w_{i_m}(e) +$$

$$w_1(e,y)w_2(e)\dots w_n(e) +$$

$$w_{i_1}(e,y)w_{i_2}(e)\dots w_{i_m}(e),$$

где y - многочлен, отличный от нуля и не содержащий одночлена e. Покажем, что одночлены

$$w_1(y,e)w_2(e)\dots w_n(e),$$

$$w_{i_1}(y,e)w_{i_2}(e)\dots w_{i_m}(e)$$

представимы в виде

$$w_{j_1}(,)w_{j_2}()\dots w_{j_p}()$$

тогда и только тогда, когда в аналогичном виде представимы все одночлены многочлена y. В силу того, что y входит в одночлены

$$w_1(y,e)w_2(e)\dots w_n(e)$$

и

$$w_{i_1}(y,e)w_{i_2}(e)\ldots w_{i_m}(e)$$

линейно, то можно считать, что y - одночлен. Перейдем к рассмотрению слова

$$w_1(y,e)w_2(e)\ldots w_n(e).$$

Пусть $n=1$. Тогда допустим, что

$$w_1(y,e)=w_{j_1}(e,e)w_{j_2}(e)\ldots w_{j_p}(e).$$

Предположим, что $p=1$. Тогда $w_1(y,e)=w_{j_1}(e,e)$. Отсюда вытекает, что

$$((e(\ldots(e(ye))e\ldots e))e)=$$

$$((e(\ldots(e(ee))e\ldots e))e).$$

В силу свободы кольца $F\mathfrak{R}$ получаем, что

$$(e(ye))=(e(ee)).$$

Следовательно $y=e$. Но по предположению многочлен y не содержит одночлена e. Полученное противоречие доказывает, что $w_1(y,e)\neq w_{j_1}(e,e)$. Следовательно $p>1$. Так как $p>1$, получаем

$$((e(\ldots(e(w_{j_1}(e,e)w_{j_2}(e)\ldots$$

$$w_{j_{p-1}}(e)e))e\ldots e))e)=$$

$$((e(\ldots(e(ye))e\ldots e))e).$$

Отсюда в силу свободы кольца $F\mathfrak{R}$ получаем, что

$$y = w_{j_1}(e,e)w_{j_2}(e)\dots w_{j_{p-1}}(e).$$

Пусть теперь

$$y = w_{j_1}(e,e)w_{j_2}(e)\dots w_{j_{p-1}}(e).$$

Тогда в кольце $F\mathfrak{R}$ выполняется равенство

$$w_1(y,e)w_2(e)\dots w_n(e) =$$

$$w_1(w_{j_1}(e,e)w_{j_2}(e)\dots$$

$$w_{j_{p-1}}(e)e,e)w_2(e)\dots w_n(e) =$$

$$w_{j_1}(e,e)w_{j_2}(e)\dots$$

$$w_{j_{p-1}}(e)w_1(e)w_2(e)\dots w_n(e).$$

Таким образом, база индукции доказана.

Пусть утверждение выполняется для некоторого n. Покажем, что оно верно и для $n+1$. Допустим, что

$$w_1(y,e)w_2(e)\dots w_{n+1}(e) =$$

$$w_{j_1}(e,e)\dots w_{j_p}(e).$$

Индукцией по числу p покажем, что одночлен

$$w_1(y,e)w_2(e)\dots w_{n+1}(e)$$

представим в виде

$$w_{j_1}(,)w_{j_2}()\dots w_{j_k}()$$

тогда и только тогда, когда в аналогичном виде представим одночлен y. Пусть $p = 1$. Тогда в кольце $F\mathfrak{R}$ выполняется равенство

$$((e(\dots(e(w_1(y,e)w_2(e)\dots$$

$$w_n(e)e))e\dots e))e) =$$

$$((e(\dots(e(ee))e\dots e))e).$$

Поскольку $F\mathfrak{R}$ - свободное кольцо, то

$$w_1(y,e)w_2(e)\dots w_n(e) = e.$$

По предположению индукции получаем неравенство

$$w_1(y,e)w_2(e)\dots w_n(e) \neq e.$$

База индукции доказана. Предположим, что для любого $l < p$ если

$$w_1(y,e)w_2(e)\dots w_{n+1}(e) =$$

$$w_{j_1}(e,e)\dots w_{j_l}(e),$$

то существует k такое, что

$$y = w_{j_1}(e,e)\dots w_{j_k}(e).$$

Покажем, что если

$$w_1(y,e)w_2(e)\dots w_{n+1}(e) =$$

$$w_{j_1}(e,e)\dots w_{j_p}(e),$$

то существует k такое, что

$$y = w_{j_1}(e,e)\dots w_{j_k}(e).$$

Так как

$$w_1(y,e)w_2(e)\dots w_{n+1}(e) =$$

$$w_{j_1}(e,e)\dots w_{j_p}(e)$$

и $p > 1$, в кольце $F\mathfrak{R}$ имеет место равенство

$$(e((\dots(e((w_1(e,e)w_2(e)\dots w_n(e))e)$$

$$\underbrace{)e\dots)e}_{d_1}))e =$$

$$(e((\dots(e((w_{j_1}(e,e)w_{j_2}(e)\dots w_{j_{p-1}}(e))e)$$

$$\underbrace{)e\dots)e}_{d_2}))e.$$

В силу свободы кольца $F\mathfrak{R}$ справедливо следующее соотношение

$$F\mathfrak{R} \models \Big((e((\dots(e((w_1(e,e)w_2(e)\dots w_n(e))e)$$

$$\underbrace{)e\dots)e}_{d_1}))e =$$

$$(e((\dots(e((w_{j_1}(e,e)w_{j_2}(e)\dots w_{j_{p-1}}(e))e)$$

$$\underbrace{)e\dots)e}_{d_2}))e \Leftrightarrow$$

$$e((\dots(e((w_1(e,e)w_2(e)\dots w_n(e))e)$$

$$\underbrace{)e\dots)e}_{d_1}) =$$

$$e((\dots(e((w_{j_1}(e,e)w_{j_2}(e)\dots w_{j_{p-1}}(e))e)$$

$$\underbrace{)e\ldots)e}_{d_2}) \Leftrightarrow$$

$$(\ldots(e((w_1(e,e)w_2(e)\ldots w_n(e))e)$$

$$\underbrace{)e\ldots)e}_{d_1} =$$

$$(\ldots(e((w_{j_1}(e,e)w_{j_2}(e)\ldots w_{j_{p-1}}(e))e)$$

$$\underbrace{)e\ldots)e}_{d_2}\Big).$$

Легко понять, что если $d_1 > d_2$, то из равенства

$$(\ldots(e((w_1(e,e)w_2(e)\ldots w_n(e))e)$$

$$\underbrace{)e\ldots)e}_{d_1} =$$

$$(\ldots(e((w_{j_1}(e,e)w_{j_2}(e)\ldots w_{j_{p-1}}(e))e)$$

$$\underbrace{)e\ldots)e}_{d_2}$$

следует равенство

$$(\ldots(e((w_1(e,e)w_2(e)\ldots w_n(e))e)$$

$$\underbrace{)e\ldots)e}_{d_1-d_2} =$$

$$e((w_{j_1}(e,e)w_{j_2}(e)\ldots w_{j_{p-1}}(e))e),$$

равносильное ложной системе равенств

$$\begin{cases} (\dots(e((w_1(e,e)w_2(e)\dots w_n(e))e) \\ \underbrace{)e\dots)e}_{d_1-d_2-1} = e, \\ (w_{j_1}(e,e)w_{j_2}(e)\dots w_{j_{p-1}}(e))e = e. \end{cases}$$

Совершенно аналогично, если $d_1 < d_2$, то из равенства

$$(\dots(e((w_1(e,e)w_2(e)\dots w_n(e))e)$$

$$\underbrace{)e\dots)e}_{d_1} =$$

$$(\dots(e((w_{j_1}(e,e)w_{j_2}(e)\dots w_{j_{p-1}}(e))e)$$

$$\underbrace{)e\dots)e}_{d_2}$$

следует равенство

$$e((w_1(e,e)w_2(e)\dots w_n(e))e) =$$

$$(\dots(e((w_{j_1}(e,e)w_{j_2}(e)\dots w_{j_{p-1}}(e))e)$$

$$\underbrace{)e\dots)e}_{d_2-d_1},$$

равносильное ложной системе равенств

$$\begin{cases} (w_1(e,e)w_2(e)\dots w_n(e))e = e, \\ (\dots(e((w_{j_1}(e,e)w_{j_2}(e)\dots w_{j_{p-1}}(e))e) \\ \underbrace{)e\dots)e}_{d_2-d_1-1} = e. \end{cases}$$

Следовательно $d_1 = d_2$. Так как $d_1 = d_2$, нетрудно убедиться в том, что из равенства

$$(\ldots(e((w_1(e,e)w_2(e)\ldots w_n(e))e)$$

$$\underbrace{)e\ldots)e}_{d_1} =$$

$$(\ldots(e((w_{j_1}(e,e)w_{j_2}(e)\ldots w_{j_{p-1}}(e))e)$$

$$\underbrace{)e\ldots)e}_{d_2}$$

следует равенство

$$w_1(e,e)w_2(e)\ldots w_n(e) =$$

$$w_{j_1}(e,e)w_{j_2}(e)\ldots w_{j_{p-1}}(e),$$

к которому мы можем применить предположение индукции по n.

Таким образом, слово

$$w_1(y,e)w_2(e)\ldots w_n(e)$$

представимо в виде

$$w_{j_1}(e,e)w_{j_2}(e)\ldots w_{j_p}(e)$$

тогда и только тогда, когда в аналогичном виде представимо слово y. Аналогично можно показать, что слово

$$w_1(e,y)w_2(e)\ldots w_n(e)$$

нельзя представить в виде

$$w_{j_1}(e,e)w_{j_2}(e)\ldots w_{j_p}(e).$$

Допустим, что для некоторого слова

$$w_1(e,e)w_2(e)\dots w_n(e)$$

выполняется равенство

$$u_{11}(w_1(e,e)w_2(e)\dots w_n(e))u_{12} =$$

$$w_{j_1}(e,e)w_{j_2}(e)\dots w_{j_k}(e).$$

Покажем, что тогда для любого слова вида

$$w_{i_1}(e,e)w_{i_2}(e)\dots w_{i_m}(e)$$

найдется такое слово

$$w_{l_1}(e,e)w_{l_2}(e)\dots w_{l_s}(e),$$

что в кольце $F\mathfrak{R}$ выполняется равенство

$$u_{11}(w_{i_1}(e,e)w_{i_2}(e)\dots w_{i_m}(e))u_{12} =$$

$$w_{l_1}(e,e)w_{l_2}(e)\dots w_{l_s}(e).$$

Поскольку в кольце $F\mathfrak{R}$ выполняется равенство

$$u_{11}(w_1(e,e)w_2(e)\dots w_n(e))u_{12} =$$

$$w_{j_1}(e,e)w_{j_2}(e)\dots w_{j_k}(e),$$

то слово

$$w_1(e,e)w_2(e)\dots w_n(e)$$

является подсловом слова

$$w_{j_1}(e,e)w_{j_2}(e)\dots w_{j_k}(e).$$

Поэтому в кольце $F\mathfrak{R}$ должно выполняться одно из следующих равенств:

$$w_1(e,e)w_2(e)\dots w_n(e) =$$

$$w_{j_1}(e,e)w_{j_2}(e)\dots w_{j_k}(e),$$

$$w_1(e,e)w_2(e)\dots w_n(e) =$$

$$w_{j_1}(e,e)w_{j_2}(e)\dots w_{j_{k-s}}(e),$$

$$w_1(e,e)w_2(e)\dots w_n(e) =$$

$$(w_{j_1}(e,e)w_{j_2}(e)\dots w_{j_{k-s}}(e))e,$$

$$w_1(e,e)w_2(e)\dots w_n(e) =$$

$$e((w_{j_1}(e,e)w_{j_2}(e)\dots w_{j_{k-s}}(e))e),$$

$$w_1(e,e)w_2(e)\dots w_n(e) =$$

$$(\dots(e((w_{j_1}(e,e)w_{j_2}(e)\dots w_{j_{k-s}}(e))e)$$

$$\underbrace{)e\dots)e}_{t},$$

$$t \in \{0,1,\dots,d\},$$

$$w_1(e,e)w_2(e)\dots w_n(e) =$$

$$e((\ldots(e((w_{j_1}(e,e)w_{j_2}(e)\ldots w_{j_{k-s}}(e))e)$$

$$\underbrace{)e\ldots)e}_{d}),$$

$$w_1(e,e)w_2(e)\ldots w_n(e) =$$

$$(e((\ldots(e((w_{j_1}(e,e)w_{j_2}(e)\ldots w_{j_{k-s}}(e))e)$$

$$\underbrace{)e\ldots)e}_{d}))e.$$

Очевидно, что если в кольце $F\mathfrak{R}$ выполняется первое равенство, то в качестве слова

$$w_{l_1}(e,e)w_{l_2}(e)\ldots w_{l_s}(e)$$

можно взять

$$w_{i_1}(e,e)w_{i_2}(e)\ldots w_{i_m}(e).$$

Допустим, что выполняется второе равенство. Тогда

$$w_{l_1}(e,e)w_{l_2}(e)\ldots w_{l_s}(e) =$$

$$w_{i_1}(e,e)w_{i_2}(e)\ldots w_{i_m}(e)$$

$$w_{j_{k-s+1}}(e,e)w_{j_2}(e)\ldots w_{j_k}(e).$$

Рассмотрим третье равенство. Из этого равенства очевидным образом вытекает

$$e = (\ldots(e((w_{j_1}(e,e)w_{j_2}(e)\ldots w_{j_{k-s}}(e))e)$$

$$\underbrace{)e\ldots)e}_{t},$$

что невозможно. По той же схеме можно убедиться в том, что остальные равенства тоже ложны. Таким образом мы показали, что, если для некоторого слова

$$w_1(e,e)w_2(e)\ldots w_n(e)$$

выполняется равенство

$$u_{11}(w_1(e,e)w_2(e)\ldots w_n(e))u_{12} =$$

$$w_{j_1}(e,e)w_{j_2}(e)\ldots w_{j_k}(e),$$

то для любого слова вида

$$w_{i_1}(e,e)w_{i_2}(e)\ldots w_{i_m}(e)$$

найдется такое слово

$$w_{l_1}(e,e)w_{l_2}(e)\ldots w_{l_s}(e),$$

что в кольце $F\mathfrak{R}$ выполняется равенство

$$u_{11}(w_{i_1}(e,e)w_{i_2}(e)\ldots w_{i_m}(e))u_{12} =$$

$$w_{l_1}(e,e)w_{l_2}(e)\ldots w_{l_s}(e).$$

Если $h_1 = 0$, то, очевидно, $f_1 = 0$, $f_2 = 0$. Допустим, что

$$\begin{aligned} h_1 = \quad & w_1(e,e)w_2(e)\dots w_n(e) + \\ & w_{i_1}(e,e)w_{i_2}(e)\dots w_{i_m}(e) + \\ & w_1(y,e)w_2(e)\dots w_n(e) + \\ & w_{i_1}(y,e)w_{i_2}(e)\dots w_{i_m}(e) + \\ & w_1(e,y)w_2(e)\dots w_n(e) + \\ & w_{i_1}(e,y)w_{i_2}(e)\dots w_{i_m}(e). \end{aligned}$$

Как замечено выше, одночлены многочленов

$$w_1(e,y)w_2(e)\dots w_n(e)$$

и

$$w_{i_1}(e,y)w_{i_2}(e)\dots w_{i_m}(e)$$

не представимы в виде

$$w_{j_1}(e,e)w_{j_2}(e)\dots w_{j_p}(e).$$

Поэтому если

$$y = w_{j_1}(e,e)w_{j_2}(e)\dots w_{j_p}(e),$$

то

$$
\begin{aligned}
f_1 \quad &= w_1(e,e)w_2(e)\dots w_n(e) + \\
&w_{i_1}(e,e)w_{i_2}(e)\dots w_{i_m}(e), \\
f_2 = \quad &w_1(e,y)w_2(e)\dots w_n(e) + \\
&w_{i_1}(e,y)w_{i_2}(e)\dots w_{i_m}(e) + \\
&w_1(y,e)w_2(e)\dots w_n(e) + \\
&w_{i_1}(y,e)w_{i_2}(e)\dots w_{i_m}(e).
\end{aligned}
$$

Если

$$y \neq w_{j_1}(e,e)w_{j_2}(e)\dots w_{j_p}(e),$$

то

$$
\begin{aligned}
f_1 = \quad &w_1(e,e)w_2(e)\dots w_n(e) + \\
&w_{i_1}(e,e)w_{i_2}(e)\dots w_{i_m}(e), \\
f_2 = \quad &w_1(y,e)w_2(e)\dots w_n(e) + \\
&w_{i_1}(y,e)w_{i_2}(e)\dots w_{i_m}(e) + \\
&w_1(e,y)w_2(e)\dots w_n(e) + \\
&w_{i_1}(e,y)w_{i_2}(e)\dots w_{i_m}(e).
\end{aligned}
$$

Аналогично рассматривается случай, когда

$$h_1 = \quad w_1(e,e)w_2(e)\dots w_n(e) +$$

$$w_{i_1}(e,e)w_{i_2}(e)\dots w_{i_m}(e).$$

Таким образом, если многочлен h_1 соответствует тождеству многообразия $\mathfrak{M}$, то многочлен $u_{11}h_1u_{12}$ действительно можно представить в виде $f_1 + f_2$.

Пусть теперь h_1 получен из тождества многообразия $\mathfrak{B}$. Тогда

$$h_1 = \quad w_1(y,x)w_2(x) +$$

$$w_2(y,x)w_1(x),$$

причем

$$\{w_1, w_2\} \in \{\{A,B\}, \{A,D\},$$

$$\{B,C\}, \{C,D\}\}.$$

Отсюда в силу метабелевости кольца $F\mathfrak{R}$ получаем, что либо

$$h_1 = 0,$$

либо

$$h_1 = \quad w_1(e,e)w_2(e) +$$

$$w_2(e,e)w_1(e),$$

либо

$$\begin{aligned} h_1 = \quad & w_1(e,e)w_2(e) + \\ & w_2(e,e)w_1(e) + \\ & w_1(y,e)w_2(e) + \\ & w_2(y,e)w_1(e) + \\ & w_1(e,y)w_2(e) + \\ & w_2(e,y)w_1(e), \end{aligned}$$

либо

$$\begin{aligned} h_1 = \quad & w_1(y,e)w_2(e) + \\ & w_2(y,e)w_1(e) + \\ & w_1(e,y)w_2(e) + \\ & w_2(e,y)w_1(e), \end{aligned}$$

где y - многочлен, отличный от нуля и не содержащий одночлена e. Покажем, что одночлены

$$w_1(y,e)w_2(e),$$

$$w_2(y,e)w_{i_2}(e)$$

представимы в виде

$$w_{j_1}(,)w_{j_2}()\dots w_{j_p}()$$

тогда и только тогда, когда в аналогичном виде представимы все одночлены многочлена y. В силу того, что многочлен y входит в одночлены

$$w_1(y,e)w_2(e)$$

и

$$w_2(y,e)w_1(e)$$

линейно, можно считать, что y - одночлен. Перейдем к рассмотрению слова $w_1(y,e)w_2(e)$.

Допустим, что

$$w_1(y,e)w_2(e) = w_{j_1}(e,e)\dots w_{j_p}(e)$$

и $p=1$. Тогда в кольце $F\mathfrak{R}$ выполняется равенство

$$((e(\dots(e(w_1(y,e)e))e\dots e))e) =$$

$$((e(\dots(e(ee))e\dots e))e).$$

Поскольку $F\mathfrak{R}$ - свободное кольцо, то равенство

$$((e(\dots(e(w_1(y,e)e))e\dots e))e) =$$

$$((e(\dots(e(ee))e\dots e))e)$$

возможно лишь в том случае, когда имеет место равенство $w_1(y,e) = e$, что невозможно. Предположим теперь, что $p>1$. Тогда равенство

$$w_1(y,e)w_2(e) = w_{j_1}(e,e)\dots w_{j_p}(e)$$

можно представить в виде

$$((e((\dots(e(w_1(y,e)e)\underbrace{)e\dots)e}_{d_1})e)=$$

$$((e((\dots(e(w_{j_1}(e,e)\dots w_{j_{p-1}}(e)e)$$

$$\underbrace{)e\dots)e}_{d_2})e).$$

В силу свободы кольца $F\mathfrak{R}$ из этого равенства вытекает равенство

$$((\dots(e(w_1(y,e)e)\underbrace{)e\dots)e}_{d_1}=$$

$$((\dots(e(w_{j_1}(e,e)\dots w_{j_{p-1}}(e)e)$$

$$\underbrace{)e\dots)e}_{d_2}.$$

Предположим, что $d_1 > d_2$. Тогда из равенства

$$((\dots(e(w_1(y,e)e)\underbrace{)e\dots)e}_{d_1}=$$

$$((\dots(e(w_{j_1}(e,e)\dots w_{j_{p-1}}(e)e)$$

$$\underbrace{)e\dots)e}_{d_2}$$

получаем равенство

$$((\dots(e(w_1(y,e)e)\underbrace{)e\dots)e}_{d_1-d_2}=$$

$$(e(w_{j_1}(e,e)\dots w_{j_{p-1}}(e)e)).$$

Отсюда в силу свободы кольца $F\mathfrak{R}$ вытекает система равенств

$$\begin{cases} ((\dots(e(w_1(y,e)e)\underbrace{)e\dots)e}_{d_1-d_2-1} = e, \\ (w_{j_1}(e,e)\dots w_{j_{p-1}}(e)e) = e. \end{cases}$$

Очевидно, что эта система ложна в кольце $F\mathfrak{R}$. Следовательно соотношение $d_1 > d_2$ невозможно. Совершенно аналогично, предполагая $d_1 < d_2$, из равенства

$$((\dots(e(w_1(y,e)e)\underbrace{)e\dots)e}_{d_1} =$$

$$((\dots(e(w_{j_1}(e,e)\dots w_{j_{p-1}}(e)e)$$

$$\underbrace{)e\dots)e}_{d_2}$$

получаем равенство

$$(e(w_1(y,e)e)) =$$

$$((\dots(e(w_{j_1}(e,e)\dots w_{j_{p-1}}(e)e)\underbrace{)e\dots)e}_{d_2-d_1},$$

равносильное ложной системе равенств

$$\begin{cases} (w_1(y,e)e) = e, \\ ((\dots(e(w_{j_1}(e,e)\dots w_{j_{p-1}}(e)e)\underbrace{)e\dots)e}_{d_2-d_1-1} = e. \end{cases}$$

Поэтому $d_1 = d_2$. Так как $d_1 = d_2$, в силу свободы кольца $F\mathfrak{R}$ из равенства

$$((\dots(e(w_1(y,e)e)\underbrace{)e\dots)e}_{d_1} =$$

$$((\dots(e(w_{j_1}(e,e)\dots w_{j_{p-1}}(e)e)$$

$$\underbrace{)e\ldots)e}_{d_2}$$

следует равенство

$$w_1(y,e) = w_{j_1}(e,e)\ldots w_{j_{p-1}}(e).$$

Предположим, что $p-1=1$. Тогда равенство

$$w_1(y,e) = w_{j_1}(e,e)\ldots w_{j_{p-1}}(e)$$

имеет вид

$$w_1(y,e) = w_{j_1}(e,e).$$

Несложно убедиться в том, что из равенства $w_1(y,e) = w_{j_1}(e,e)$ следует равенство $y=e$, что невозможно по определению y. Поэтому $p-1>1$. Так как $p-1>1$, равенство

$$w_1(y,e) = w_{j_1}(e,e)\ldots w_{j_{p-1}}(e)$$

можно представить в виде

$$((e((\ldots(e(ye)\underbrace{)e\ldots)e}_{d_1})e) =$$

$$((e((\ldots(e(w_{j_1}(e,e)\ldots w_{j_{p-2}}(e)e)$$

$$\underbrace{)e\ldots)e}_{d_2})e).$$

В силу свободы кольца $F\mathfrak{R}$ из этого равенства вытекает равенство

$$((\ldots(e(ye)\underbrace{)e\ldots)e}_{d_1} =$$

$$((\ldots(e(w_{j_1}(e,e)\ldots w_{j_{p-2}}(e)e)$$

$$\underbrace{)e\ldots)e}_{d_2}.$$

Предположим, что $d_1 > d_2$. Тогда из равенства

$$((\ldots(e(ye)\underbrace{)e\ldots)e}_{d_1} =$$

$$((\ldots(e(w_{j_1}(e,e)\ldots w_{j_{p-2}}(e)e)$$

$$\underbrace{)e\ldots)e}_{d_2}$$

получаем равенство

$$((\ldots(e(ye)\underbrace{)e\ldots)e}_{d_1-d_2} =$$

$$(e(w_{j_1}(e,e)\ldots w_{j_{p-2}}(e)e)).$$

Отсюда в силу свободы кольца $F\mathfrak{R}$ вытекает система равенств

$$\begin{cases} ((\ldots(e(ye)\underbrace{)e\ldots)e}_{d_1-d_2-1} = e, \\ \\ (w_{j_1}(e,e)\ldots w_{j_{p-2}}(e)e) = e. \end{cases}$$

Очевидно, что эта система ложна в кольце $F\mathfrak{R}$. Следовательно соотношение $d_1 > d_2$ невозможно. Совершенно аналогично, предполагая $d_1 < d_2$, из равенства

$$((\ldots(e(ye)\underbrace{)e\ldots)e}_{d_1} =$$

$$((\ldots(e(w_{j_1}(e,e)\ldots w_{j_{p-2}}(e)e)$$

$$\underbrace{)e\ldots)e}_{d_2}$$

получаем равенство

$$(e(ye)) =$$

$$((\dots(e(w_{j_1}(e,e)\dots w_{j_{p-2}}(e)e)\underbrace{)e\dots)e}_{d_2-d_1},$$

равносильное ложной системе равенств

$$\begin{cases} ye = e, \\ ((\dots(e(w_{j_1}(e,e)\dots w_{j_{p-2}}(e)e)\underbrace{)e\dots)e}_{d_2-d_1-1} = e. \end{cases}$$

Поэтому $d_1 = d_2$. Так как $d_1 = d_2$, в силу свободы кольца $F\mathfrak{R}$ из равенства

$$((\dots(e(ye)\underbrace{)e\dots)e}_{d_1} =$$

$$((\dots(e(w_{j_1}(e,e)\dots w_{j_{p-2}}(e)e)$$

$$\underbrace{)c\dots)e}_{d_2}$$

следует равенство

$$y = w_{j_1}(e,e)\dots w_{j_{p-2}}(e),$$

что и требовалось.

Таким образом, слово $w_1(y,e)w_2(e)$ представимо в виде

$$w_{j_1}(e,e)w_{j_2}(e)\dots w_{j_p}(e)$$

тогда и только тогда, когда в аналогичном виде представимо слово y. Аналогично можно показать, что слово $w_1(e,y)w_2(e)$ нельзя представить в виде

$$w_{j_1}(e,e)w_{j_2}(e)\dots w_{j_p}(e).$$

Выше мы показали, что если для некоторого слова

$$w_1(e,e)w_2(e)\dots w_n(e)$$

выполняется равенство

$$u_{11}(w_1(e,e)w_2(e)\dots w_n(e))u_{12} =$$

$$w_{j_1}(e,e)w_{j_2}(e)\dots w_{j_k}(e),$$

то для любого слова вида

$$w_{i_1}(e,e)w_{i_2}(e)\dots w_{i_m}(e)$$

найдется такое слово

$$w_{l_1}(e,e)w_{l_2}(e)\dots w_{l_s}(e),$$

что в кольце $F\mathfrak{R}$ выполняется равенство

$$u_{11}(w_{i_1}(e,e)w_{i_2}(e)\dots w_{i_m}(e))u_{12} =$$

$$w_{l_1}(e,e)w_{l_2}(e)\dots w_{l_s}(e).$$

В частности, если для слова $w_1(e,e)w_2(e)$ выполняется равенство

$$u_{11}(w_1(e,e)w_2(e))u_{12} =$$

$$w_{j_1}(e,e)w_{j_2}(e)\dots w_{j_k}(e),$$

то и для слова $w_2(e,e)w_1(e)$ найдется такое слово

$$w_{l_1}(e,e)w_{l_2}(e)\dots w_{l_s}(e),$$

что в кольце $F\mathfrak{R}$ выполняется равенство

$$u_{11}(w_2(e,e)w_1(e))u_{12} = w_{l_1}(e,e)w_{l_2}(e)\dots w_{l_s}(e).$$

Если $h_1 = 0$, то, очевидно, $f_1 = 0$, $f_2 = 0$. Допустим, что

$$h_1 = \quad w_1(e,e)w_2(e) +$$

$$w_2(e,e)w_1(e) +$$

$$w_1(y,e)w_2(e) +$$

$$w_2(y,e)w_1(e) +$$

$$w_1(e,y)w_2(e) +$$

$$w_2(e,y)w_1(e).$$

Как замечено выше, одночлены многочленов

$$w_1(e,y)w_2(e)$$

и

$$w_2(e,y)w_1(e)$$

не представимы в виде

$$w_{j_1}(e,e)w_{j_2}(e)\dots w_{j_p}(e).$$

Следовательно если

$$y = w_{j_1}(e,e)w_{j_2}(e)\dots w_{j_p}(e),$$

то

$$
\begin{aligned}
f_1 = \quad & w_1(e,e)w_2(e) + \\
& w_2(e,e)w_1(e) + \\
& w_1(y,e)w_2(e) + \\
& w_2(y,e)w_1(e), \\
f_2 = \quad & w_1(e,y)w_2(e) + \\
& w_2(e,y)w_1(e).
\end{aligned}
$$

Если

$$y \neq w_{j_1}(e,e)w_{j_2}(e)\dots w_{j_p}(e),$$

то

$$
\begin{aligned}
f_1 = \quad & w_1(e,e)w_2(e) + \\
& w_2(e,e)w_1(e), \\
f_2 = \quad & w_1(y,e)w_2(e) + \\
& w_2(y,e)w_1(e) + \\
& w_1(e,y)w_2(e) + \\
& w_2(e,y)w_1(e).
\end{aligned}
$$

Аналогично рассматривается случай, когда

$$h_1 = \quad w_1(e,e)w_2(e) +$$

$$w_2(e,e)w_1(e)$$

и случай, когда

$$h_1 = \quad w_1(y,e)w_2(e) +$$

$$w_2(y,e)w_1(e) +$$

$$w_1(e,y)w_2(e) +$$

$$w_2(e,y)w_1(e).$$

Таким образом, если многочлен h_1 соответствует тождеству многообразия $\mathfrak{B}$, то многочлен $u_{11}h_1u_{12}$ действительно можно представить в виде $f_1 + f_2$.

Рассмотрим теперь случай многообразия $\mathfrak{A}$. Так как многочлен h_1 соответствует тождеству многообразия $\mathfrak{A}$, заключаем, что

$$h_1 = \overline{B}(x)\overline{A}^{2^{n+m}}(x)\overline{B}(x)\overline{A}(x)\overline{B}(x,x)$$

для некоторого $x \in F\mathfrak{R}$. Отсюда по определению отображения $\overline{B}$ вытекает, что для любого одночлена многочлена h_1 найдутся $x_1, x_2, \ldots, x_8 \in F\mathfrak{R}$ такие, что этот одночлен содержит подслово

$$x_1((x_2(x_3(x_4((x_5x_6)x_7))))x_8).$$

Легко понять, что для любых $j_1, j_2, \ldots, j_p \in \mathbb{N}$ слово

$$w_{j_1}(e,e)w_{j_2}(e)\ldots w_{j_p}(e)$$

не содержит подслова

$$x_1((x_2(x_3(x_4((x_5x_6)x_7))))x_8).$$

Следовательно если многочлен h_1 соответствует тождеству многообразия $\mathfrak{A}$, то $f_1 = 0$, $f_2 = u_{11}h_1u_{12}$ - требуемое представление для многочлена $u_{11}h_1u_{12}$.

Итак, мы убедились в том, что сумма $\sum\limits_{i,j} u_{i1}h_ju_{i2}$ представима в виде $f_1 + f_2$. Так как для многочлена h_1 соответствующего тождеству многообразия $\mathfrak{A}$ требуемое представление имеет вид $f_1 = 0$, $f_2 = u_{11}h_1u_{12}$, в дальнейшем мы можем полагать, что для любого $j \in \mathbb{N}$ многочлен h_j из f_1 может быть получен лишь из тождества многообразия $\mathfrak{M}$ или из тождества многообразия $\mathfrak{B}$. Мы установили, что тождество

$$Q_i(x,x)C(x)D(x) =$$

$$Q_j(x,x)A^{\varepsilon_1}(x)B^{\varepsilon_2}(x)C(x)D(x)$$

выводимо из системы ${\Sigma_n}'$ тогда и только тогда, когда в кольце $F\mathfrak{R}$ выполняется равенство вида

$$Q_i(e,e)C(e)D(e)+$$

$$Q_j(e,e)A^{\varepsilon_1}(e)B^{\varepsilon_2}(e)C(e)D(e) = f_1 + f_2.$$

Заметим, что в левой части этого равенства стоит сумма одночленов вида

$$w_1(e,e)w_2(e)\dots w_n(e)(w_i \in W).$$

Отсюда по определению многочленов f_1 и f_2 вытекает система равенств

$$Q_i(e,e)C(e)D(e)+$$

$$Q_j(e,e)A^{\varepsilon_1}(e)B^{\varepsilon_2}(e)C(e)D(e) = f_1, f_2 = 0.$$

Индукцией по числу d одночленов в многочлене f_1 покажем, что в кольце $F\mathfrak{R}$ не выполняется ни одно из следующих равенств:

$$Q_i(e,e)C(e)D(e)+$$

$$Q_j(e,e)A^{\varepsilon_1}(e)B^{\varepsilon_2}(e)C(e)D(e) = f_1,$$

$$Q_i(e,e)D(e)C(e)+$$

$$Q_j(e,e)A^{\varepsilon_1}(e)B^{\varepsilon_2}(e)C(e)D(e) = f_1,$$

$$Q_l(e,e)A(e)B(e)C(e)D(e)+$$

$$Q_j(e,e)A^{\varepsilon_1}(e)B^{\varepsilon_2}(e)C(e)D(e) = f_1,$$

$$Q_l(e,e)B(e)C(e)D(e)+$$

$$Q_j(e,e)A^{\varepsilon_1}(e)B^{\varepsilon_2}(e)C(e)D(e) = f_1.$$

Очевидно, что $d \geq 2$. Предположим, что $d = 2$ и в кольце $F\mathfrak{R}$ выполняется равенство

$$Q_i(e,e)C(e)D(e)+$$

$$Q_j(e,e)A^{\varepsilon_1}(e)B^{\varepsilon_2}(e)C(e)D(e) = f_1.$$

Так как

$$Q_i(e,e)C(e)D(e)+$$

$$Q_j(e,e)A^{\varepsilon_1}(e)B^{\varepsilon_2}(e)C(e)D(e) = f_1-$$

равенство в свободном кольце, среди одночленов многочлена f_1 должен быть одночлен $Q_i(e,e)C(e)D(e)$. Отсюда в силу того, что $d = 2$, вытекает, что

$$f_1 = Q_i(e,e)C(e)D(e) + Q_i(e,e)D(e)C(e)$$

или

$$f_1 = Q_i(e,e)C(e)D(e) + Q_l(e,e)A(e)B(e)C(e)D(e).$$

Следовательно в кольце $F\mathfrak{R}$ должно выполняться равенство

$$Q_i(e,e)D(e)C(e)+$$

$$Q_j(e,e)A^{\varepsilon_1}(e)B^{\varepsilon_2}(e)C(e)D(e) = 0$$

или равенство

$$Q_i(e,e)A(e)B(e)C(e)D(e)+$$

$$Q_j(e,e)A^{\varepsilon_1}(e)B^{\varepsilon_2}(e)C(e)D(e) = 0,$$

что невозможно. Совершенно аналогично можно убедиться и в том, что при $d = 2$ равенства

$$Q_i(e,e)D(e)C(e)+$$

$$Q_j(e,e)A^{\varepsilon_1}(e)B^{\varepsilon_2}(e)C(e)D(e) = f_1,$$

$$Q_l(e,e)A(e)B(e)C(e)D(e)+$$

$$Q_j(e,e)A^{\varepsilon_1}(e)B^{\varepsilon_2}(e)C(e)D(e) = f_1,$$

$$Q_l(e,e)B(e)C(e)D(e)+$$

$$Q_j(e,e)A^{\varepsilon_1}(e)B^{\varepsilon_2}(e)C(e)D(e)=f_1$$

ложны. Таким образом база индукции доказана. Предположим, что утверждение справедливо если число одночленов в многочлене f_1 меньше d. Покажем, что оно выполняется и если число одночленов многочлена f_1 равно d. Так как

$$Q_i(e,e)C(e)D(e)+$$

$$Q_j(e,e)A^{\varepsilon_1}(e)B^{\varepsilon_2}(e)C(e)D(e)=f_1-$$

равенство в свободном кольце, среди одночленов многочлена f_1 должен быть одночлен $Q_i(e,e)C(e)D(e)$. Отсюда вытекает, что

$$f_1=f_1'+Q_i(e,e)C(e)D(e)+Q_i(e,e)D(e)C(e),$$

или

$$f_1=f_1'+Q_i(e,e)C(e)D(e)+Q_l(e,e)A(e)B(e)C(e)D(e),$$

или

$$f_1=f_1'+Q_i(e,e)C(e)D(e)+Q_l(e,e)B(e)C(e)D(e),$$

где f_1' - многочлен, число одночленов которого меньше d. Следовательно в кольце $F\mathfrak{R}$ имеет место одно из следующих равенств

$$Q_i(e,e)D(e)C(e)+$$

$$Q_j(e,e)A^{\varepsilon_1}(e)B^{\varepsilon_2}(e)C(e)D(e)=f_1',$$

$$Q_l(e,e)A(e)B(e)C(e)D(e)+$$

$$Q_j(e,e)A^{\varepsilon_1}(e)B^{\varepsilon_2}(e)C(e)D(e) = f_1',$$

$$Q_l(e,e)B(e)C(e)D(e)+$$

$$Q_j(e,e)A^{\varepsilon_1}(e)B^{\varepsilon_2}(e)C(e)D(e) = f_1'.$$

Поскольку f_1' - многочлен, число одночленов которого меньше d, выполнимость каждого из этих равенств противоречит предположению индукции.

Мы убедились в том, что в кольце $F\mathfrak{R}$ равенство

$$Q_i(e,e)C(e)D(e)+$$

$$Q_j(e,e)A^{\varepsilon_1}(e)B^{\varepsilon_2}(e)C(e)D(e) = f_1$$

не выполняется и следовательно тождество

$$Q_i(x,x)C(x)D(x) =$$

$$Q_j(x,x)A^{\varepsilon_1}(x)B^{\varepsilon_2}(x)C(x)D(x)$$

не выводимо из системы тождеств ${\Sigma_n}'$.

Рассмотрим теперь случай, когда

$${\Sigma_n}' = \Sigma_n \backslash \{\overline{B}(x)\overline{A}^{2^{n+m}}(x)\overline{B}(x)\overline{A}(x)\overline{B}(x,x) = 0\}.$$

Обозначим через $\mathfrak{X}'$ многообразие, заданное системой тождеств Σ_n'. Предположим, что тождество

$$\overline{B}(x)\overline{A}^{2^{n+m}}(x)\overline{B}(x)\overline{A}(x)\overline{B}(x,x) = 0$$

выводимо из системы тождеств Σ'_n. Тогда многообразие $\mathfrak{X}'$ должно удовлетворять этому тождеству. Обозначим через $F\mathfrak{X}'$ кольцо счетного ранга, свободное в многообразии $\mathfrak{X}'$. Заметим, что многообразие $\mathfrak{X}'$ удовлетворяет тождеству

$$\overline{B}(x)\overline{A}^{2^{n+m}}(x)\overline{B}(x)\overline{A}(x)\overline{B}(x,x) = 0$$

тогда и только тогда, когда этому тождеству удовлетворяет кольцо $F\mathfrak{X}'$. В кольце $F\mathfrak{X}'$ тождество

$$\overline{B}(x)\overline{A}^{2^{n+m}}(x)\overline{B}(x)\overline{A}(x)\overline{B}(x,x) = 0$$

выполняется тогда и только тогда, когда в этом кольце выполняется соотношение

$$\overline{B}(e)\overline{A}^{2^{n+m}}(e)\overline{B}(e)\overline{A}(e)\overline{B}(e,e) = 0.$$

Обозначим через S множество многочленов $f(e)$, таких что $f(\vec{e}) = 0$ - соотношение в кольце $F\mathfrak{X}'$, полученное из одного из тождеств системы

$$\{\overline{B}(x)\overline{A}^{2^{k+m}}(x)\overline{B}(x)\overline{A}(x)\overline{B}(x,x) = 0 \mid k \in \mathbb{N}, k \neq n\}$$

или из одного из тождеств, задающих многообразие $\mathfrak{M} \cap \mathfrak{B}$, подстановкой вместо переменных конкретных элементов кольца $F\mathfrak{X}'$. Пусть I - идеал кольца $F\mathfrak{R}$, порожденный множеством S. Тогда очевидно, что соотношение

$$\overline{B}(e)\overline{A}^{2^{n+m}}(e)\overline{B}(e)\overline{A}(e)\overline{B}(e,e) = 0$$

выполняется в кольце $F\mathfrak{X}'$ тогда и только тогда, когда многочлен

$$\overline{B}(e)\overline{A}^{2^{n+m}}(e)\overline{B}(e)\overline{A}(e)\overline{B}(e,e)$$

является элементом идеала I. Из соотношения

$$\overline{B}(e)\overline{A}^{2^{n+m}}(e)\overline{B}(e)\overline{A}(e)\overline{B}(e,e) \in I$$

вытекает, что в кольце $F\mathfrak{R}$ выполняется равенство

$$\overline{B}(e)\overline{A}^{2^{n+m}}(e)\overline{B}(e)\overline{A}(e)\overline{B}(e,e) = \sum_{i,j} u_{i1}h_j u_{i2},$$

где $h_j \in S$, $u_{i1}h_j u_{i2}$ - некоторое произведение многочленов, имеющее вид

$$u_{i_1}^{(1)} \dots u_{i_1}^{(k)} h_j u_{i_2}^{(1)} \dots u_{i_2}^{(l)}$$

с некоторым расположением скобок. В силу дистрибутивности можно считать, что все многочлены, входящие в $u_{i1}h_j u_{i2}$, за исключением h_j, являются одночленами. Поскольку $F\mathfrak{R}$ - метабелево кольцо, то все эти одночлены принадлежат множеству свободных образующих. Так как в левой части равенства

$$\overline{B}(e)\overline{A}^{2^{n+m}}(e)\overline{B}(e)\overline{A}(e)\overline{B}(e,e) = \sum_{i,j} u_{i1}h_j u_{i2}$$

стоит многочлен, зависящий только от образующего e, в силу свободы кольца $F\mathfrak{R}$ без ограничения общности можно считать, что в правой части этого равенства тоже стоит многочлен, зависящий только от образующего e.

Покажем, что сумма $\sum\limits_{i,j} u_{i1}h_j u_{i2}$ представима в виде $f_1 + f_2$, где $f_1 = \sum_{i,j} v_{i1}h_j v_{i1}$ и каждый одночлен многочлена f_1 имеет вид

$$\overline{w_n}(e) \dots \overline{w_2}(e)\overline{w_1}(e,e)(\overline{w_i} \in \overline{W}),$$

а f_2 - многочлен, ни один одночлен которого не равен

$$\overline{w_n}(e) \dots \overline{w_2}(e)\overline{w_1}(e,e)$$

ни для каких $\overline{w_i}$ из $\overline{W}$. Легко понять, что если для любых i и j многочлен $u_{i1}h_j u_{i2}$ можно представить в виде суммы $f_1 + f_2$, то и сумму

$$\sum_{i,j} u_{i1}h_j u_{i2}$$

можно представить в виде суммы $f_1 + f_2$. Рассмотрим многочлен $u_{i1}h_j u_{i2}$ для некоторых i и j. Без ограничения общности можно считать, что $i = j = 1$. В зависимости от того, получен ли многочлен h_1 из тождества многообразия

$$\mathfrak{M} \cap \mathrm{var}\{Q_1(x,x)A^{2^n}(x)C(x)D(x) =$$

$$Q_0(x,x)A(x)C(x)D(x)\},$$

из тождества многообразия $\mathfrak{A}$ или из тождества многообразия $\mathfrak{B}$, следует рассмотреть три случая.

Используя определение отображений A, B, C и D, несложно убедиться в том, что если многочлен h_1 соответствует тождеству многообразия

$$\mathfrak{B} \cap \mathfrak{M} \cap \mathrm{var}\{Q_1(x,x)A^{2^n}(x)C(x)D(x) =$$

$$Q_0(x,x)A(x)C(x)D(x)\},$$

то каждый одночлен многочлена $u_{11}h_1u_{12}$ содержит подслово вида

$$((x_3(x_1x_2))x_4)x_5.$$

В то же время, тривиальная проверка показывает, что слова вида

$$\overline{w_n}(e)\ldots\overline{w_2}(e)\overline{w_1}(e,e)$$

не содержат подслов вида $((x_3(x_1x_2))x_4)x_5$. Следовательно если многочлен h_1 соответствует тождеству многообразия

$$\mathfrak{M} \cap \mathrm{var}\{Q_1(x,x)A^{2^n}(x)C(x)D(x) =$$

$$Q_0(x,x)A(x)C(x)D(x)\}$$

или тождеству многообразия $\mathfrak{B}$, то требуемым разложением для многочлена $u_{11}h_1u_{12}$ будет $f_1 = 0$, $f_2 = u_{11}h_1u_{12}$. Если многочлен

h_1 соответствует тождеству многообразия $\mathfrak{A}$, то в силу метабелевости кольца $F\mathfrak{R}$ многочлен h_1 имеет вид

$$\overline{B}(e)\overline{A}^{2^{k+m}}(e)\overline{B}(e)\overline{A}(e)\overline{B}(y,e)+$$

$$\overline{B}(e)\overline{A}^{2^{k+m}}(e)\overline{B}(e)\overline{A}((e((e(e(e((ze)e))))e)),e),$$

где $k \neq n$, $z = 0$ или z - многочлен, нижняя степень которого не меньше 2. Если z - многочлен, нижняя степень которого не меньше 2, то очевидно, что каждый одночлен многочлена

$$\overline{B}(e)\overline{A}^{2^{k+m}}(e)\overline{B}(e)\overline{A}((e((e(e(e((ze)e))))e)),e)$$

содержит подслово вида $((xy)z)t$. Поскольку слова вида

$$\overline{w_n}(e)\ldots\overline{w_2}(e)\overline{w_1}(e,e)$$

не содержат подслов вида $((xy)z)t$, все одночлены многочлена

$$u_{11}(\overline{B}(e)\overline{A}^{2^{k+m}}(e)\overline{B}(e)\overline{A}((e((e(e(e((ze)e))))e)),e))u_{12}$$

являются одночленами многочлена f_2. Следовательно без ограничения общности можно полагать, что $z = 0$ и многочлен h_1 имеет вид

$$\overline{B}(e)\overline{A}^{2^{k+m}}(e)\overline{B}(e)\overline{A}(e)\overline{B}(y,e).$$

Отсюда в силу линейности этого многочлена по y вытекает существование разложения вида $f_1 + f_2$. Заметим, что слово

$$\overline{B}(e)\overline{A}^{2^{n+m}}(e)\overline{B}(e)\overline{A}(e)\overline{B}(e,e)$$

является словом вида

$$\overline{w_n}(e)\ldots\overline{w_2}(e)\overline{w_1}(e,e).$$

Поэтому из равенства

$$\overline{B}(e)\overline{A}^{2^{n+m}}(e)\overline{B}(e)\overline{A}(e)\overline{B}(e,e) = f_1 + f_2$$

вытекает равенство

$$\overline{B}(e)\overline{A}^{2^{n+m}}(e)\overline{B}(e)\overline{A}(e)\overline{B}(e,e) = f_1.$$

Заметим, что многочлен f_1 имеет вид $\sum_{i,j} u_{i1}h_j u_{i2}$, причем для любого j многочлен h_j соответствует тождеству многообразия $\mathfrak{A}$ и для любых i и j многочлен $u_{i1}h_j u_{i2}$ является одночленом. Так как

$$\overline{B}(e)\overline{A}^{2^{n+m}}(e)\overline{B}(e)\overline{A}(e)\overline{B}(e,e) = f_1-$$

равенство в свободном кольце, существуют i и j такие, что

$$\overline{B}(e)\overline{A}^{2^{n+m}}(e)\overline{B}(e)\overline{A}(e)\overline{B}(e,e) = u_{i1}h_j u_{i2}.$$

Поскольку многочлен h_j соответствует тождеству многообразия $\mathfrak{A}$, равенство

$$\overline{B}(e)\overline{A}^{2^{n+m}}(e)\overline{B}(e)\overline{A}(e)\overline{B}(e,e) = u_{i1}h_j u_{i2}$$

можно представить в виде

$$\overline{B}(e)\overline{A}^{2^{n+m}}(e)\overline{B}(e)\overline{A}(e)\overline{B}(e,e) =$$

$$u_{i1}(\overline{B}(e)\overline{A}^{2^{k+m}}(e)\overline{B}(e)\overline{A}(e)\overline{B}(y,e))u_{i2},$$

причем по определению системы $\Sigma_n{}'$ имеет место соотношение $n \neq k$. Из равенства

$$\overline{B}(e)\overline{A}^{2^{n+m}}(e)\overline{B}(e)\overline{A}(e)\overline{B}(e,e) =$$

$$u_{i1}(\overline{B}(e)\overline{A}^{2^{k+m}}(e)\overline{B}(e)\overline{A}(e)\overline{B}(y,e))u_{i2}$$

вытекает, что

$$\overline{B}(e)\overline{A}^{2^{k+m}}(e)\overline{B}(e)\overline{A}(e)\overline{B}(y,e)$$

является подсловом

$$\overline{B}(e)\overline{A}^{2^{n+m}}(e)\overline{B}(e)\overline{A}(e)\overline{B}(e,e).$$

Заметим, что длина слова

$$\overline{B}(e)\overline{A}^{2^{k+m}}(e)\overline{B}(e)\overline{A}(e)\overline{B}(y,e)$$

не меньше $27 + 6 \cdot 2^{m+1}$, а длины слов

$$\overline{B}(e)\overline{A}(e)\overline{B}(e,e),$$

$$(e(e(e((e\overline{A}(e)\overline{B}(e,e))e))))e,$$

$$e(e(e((e\overline{A}(e)\overline{B}(e,e))e))),$$

$$e(e((e\overline{A}(e)\overline{B}(e,e))e)),$$

$$e((e\overline{A}(e)\overline{B}(e,e))e),$$

$$(e\overline{A}(e)\overline{B}(e,e))e,$$

$$e\overline{A}(e)\overline{B}(e,e),$$

$$\overline{A}(e)\overline{B}(e,e),$$

$$(e(e((e\overline{B}(e,e))e)))e,$$

$$e(e((e\overline{B}(e,e))e)),$$

$$e((e\overline{B}(e,e))e),$$

$$(e\overline{B}(e,e))e,$$

$$e\overline{B}(e,e),$$

$$\overline{B}(e,e),$$

$$(e(e(e((ee)e))))e,$$

$$e(e(e((ee)e))),$$

$$e(e((ee)e)),$$

$$e((ee)e),$$

$$(ee)e,$$

$$ee,$$

$$e.$$

не превосходят 21. Поэтому слово

$$\overline{B}(e)\overline{A}^{2^{k+m}}(e)\overline{B}(e)\overline{A}(e)\overline{B}(y,e)$$

не равно ни одному из этих слов и может содержать лишь подслова следующего вида:

$$\overline{B}(e)\overline{A}^{2^{n+m}}(e)\overline{B}(e)\overline{A}(e)\overline{B}(e,e), \tag{3}$$

$$(e(e(e((e\overline{A}^{2^{n+m}}(e)\overline{B}(e)\overline{A}(e)\overline{B}(e,e))e))))e, \tag{4}$$

$$e(e(e((e\overline{A}^{2^{n+m}}(e)\overline{B}(e)\overline{A}(e)\overline{B}(e,e))e))), \tag{5}$$

$$e(e((e\overline{A}^{2^{n+m}}(e)\overline{B}(e)\overline{A}(e)\overline{B}(e,e))e)), \tag{6}$$

$$e((e\overline{A}^{2^{n+m}}(e)\overline{B}(e)\overline{A}(e)\overline{B}(e,e))e), \tag{7}$$

$$(e\overline{A}^{2^{n+m}}(e)\overline{B}(e)\overline{A}(e)\overline{B}(e,e))e, \tag{8}$$

$$e\overline{A}^{2^{n+m}}(e)\overline{B}(e)\overline{A}(e)\overline{B}(e,e), \tag{9}$$

$$\overline{A}^{p}(e)\overline{B}(e)\overline{A}(e)\overline{B}(e,e), p \leq 2^{n+m}, \tag{10}$$

$$(e(e((e\overline{A}^{p}(e)\overline{B}(e)\overline{A}(e)\overline{B}(e,e))e)))e, p < 2^{n+m}, \tag{11}$$

$$e(e((e\overline{A}^{p}(e)\overline{B}(e)\overline{A}(e)\overline{B}(e,e))e)), p < 2^{n+m}, \tag{12}$$

$$e((e\overline{A}^{p}(e)\overline{B}(e)\overline{A}(e)\overline{B}(e,e))e), p < 2^{n+m}, \tag{13}$$

$$(e\overline{A}^{p}(e)\overline{B}(e)\overline{A}(e)\overline{B}(e,e))e, p < 2^{n+m}, \tag{14}$$

$$e\overline{A}^{p}(e)\overline{B}(e)\overline{A}(e)\overline{B}(e,e), p < 2^{n+m}, \tag{15}$$

Предположим, что слово

$$\overline{B}(e)\overline{A}^{2^{k+m}}(e)\overline{B}(e)\overline{A}(e)\overline{B}(y,e)$$

равно слову (3). Заметим, что $n \neq k$. Допустим, что $n > k$. Тогда из равенства

$$\overline{B}(e)\overline{A}^{2^{k+m}}(e)\overline{B}(e)\overline{A}(e)\overline{B}(y,e) =$$

$$\overline{B}(e)\overline{A}^{2^{n+m}}(e)\overline{B}(e)\overline{A}(e)\overline{B}(e,e)$$

в силу свободы кольца $F\mathfrak{R}$ вытекает равенство

$$\overline{B}(e)\overline{A}(e)\overline{B}(y,e) = \overline{A}^{2^{n+m}-2^{k+m}}(e)\overline{B}(e)\overline{A}(e)\overline{B}(e,e).$$

По определению отображений $\overline{A}$ и $\overline{B}$ равенство

$$\overline{B}(e)\overline{A}(e)\overline{B}(y,e) = \overline{A}^{2^{n+m}-2^{k+m}}(e)\overline{B}(e)\overline{A}(e)\overline{B}(e,e)$$

можно представить в виде

$$e((e(e(e((e\overline{A}(e)\overline{B}(y,e))e))))e) =$$

$$e((e(e((e\overline{A}^{2^{n+m}-2^{k+m}-1}(e)\overline{B}(e)\overline{A}(e)\overline{B}(e,e))e)))e).$$

Из равенства

$$e((e(e(e((e\overline{A}(e)\overline{B}(y,e))e))))e) =$$

$$e((e(e((e\overline{A}^{2^{n+m}-2^{k+m}-1}(e)\overline{B}(e)\overline{A}(e)\overline{B}(e,e))e)))e)$$

очевидным образом вытекает равенство

$$e((e\overline{A}(e)\overline{B}(y,e))e) =$$

$$(e\overline{A}^{2^{n+m}-2^{k+m}-1}(e)\overline{B}(e)\overline{A}(e)\overline{B}(e,e))e.$$

Последнее равенство как нетрудно убедиться равносильно ложной системе равенств

$$\begin{cases} (e\overline{A}(e)\overline{B}(y,e))e = e, \\ \\ e\overline{A}^{2^{n+m}-2^{k+m}-1}(e)\overline{B}(e)\overline{A}(e)\overline{B}(e,e) = e. \end{cases}$$

Допустим теперь, что $n < k$. Тогда из равенства

$$\overline{B}(e)\overline{A}^{2^{k+m}}(e)\overline{B}(e)\overline{A}(e)\overline{B}(y,e) =$$

$$\overline{B}(e)\overline{A}^{2^{n+m}}(e)\overline{B}(e)\overline{A}(e)\overline{B}(e,e)$$

в силу свободы кольца $F\mathfrak{R}$ вытекает равенство

$$\overline{B}(e)\overline{A}(e)\overline{B}(e,e) = \overline{A}^{2^{k+m}-2^{n+m}}(e)\overline{B}(e)\overline{A}(e)\overline{B}(y,e).$$

По определению отображений $\overline{A}$ и $\overline{B}$ равенство

$$\overline{B}(e)\overline{A}(e)\overline{B}(e,e) = \overline{A}^{2^{k+m}-2^{n+m}}(e)\overline{B}(e)\overline{A}(e)\overline{B}(y,e)$$

можно представить в виде

$$e((e(e(e((e\overline{A}(e)\overline{B}(e,e))e))))e) =$$

$$e((e(e((e\overline{A}^{2^{k+m}-2^{n+m}-1}(e)\overline{B}(e)\overline{A}(e)\overline{B}(y,e))e)))e).$$

Из равенства

$$e((e(e(e((e\overline{A}(e)\overline{B}(e,e))e))))e) =$$

$$e((e(e((e\overline{A}^{2^{k+m}-2^{n+m}-1}(e)\overline{B}(e)\overline{A}(e)\overline{B}(y,e))e)))e)$$

очевидным образом вытекает равенство

$$e((e\overline{A}(e)\overline{B}(e,e))e) =$$

$$(e\overline{A}^{2^{k+m}-2^{n+m}-1}(e)\overline{B}(e)\overline{A}(e)\overline{B}(y,e))e.$$

Последнее равенство как нетрудно убедиться равносильно ложной системе равенств

$$\begin{cases}(e\overline{A}(e)\overline{B}(e,e))e = e,\\ e\overline{A}^{2^{k+m}-2^{n+m}-1}(e)\overline{B}(e)\overline{A}(e)\overline{B}(y,e) = e.\end{cases}$$

Таким образом мы убедились в том, что слово

$$\overline{B}(e)\overline{A}^{2^{k+m}}(e)\overline{B}(e)\overline{A}(e)\overline{B}(y,e)$$

не равно слову (3).

Рассмотрим теперь случай слова (4). Равенство

$$(e(e(e((e\overline{A}^{2^{n+m}}(e)\overline{B}(e)\overline{A}(e)\overline{B}(e,e))e))))e =$$

$$\overline{B}(e)\overline{A}^{2^{k+m}}(e)\overline{B}(e)\overline{A}(e)\overline{B}(y,e)$$

по определению отображения $\overline{B}$ можно представить в виде

$$(e(e(e((e\overline{A}^{2^{n+m}}(e)\overline{B}(e)\overline{A}(e)\overline{B}(e,e))e))))e =$$

$$e((e(e(e((e\overline{A}^{2^{k+m}}(e)\overline{B}(e)\overline{A}(e)\overline{B}(y,e))e))))e).$$

Легко понять, что равенство

$$(e(e(e((e\overline{A}^{2^{n+m}}(e)\overline{B}(e)\overline{A}(e)\overline{B}(e,e))e))))e =$$

$$e((e(e(e((e\overline{A}^{2^{k+m}}(e)\overline{B}(e)\overline{A}(e)\overline{B}(y,e))e))))e)$$

в кольце $F\mathfrak{R}$ равносильно ложной системе равенств

$$\begin{cases}e(e(e((e\overline{A}^{2^{n+m}}(e)\overline{B}(e)\overline{A}(e)\overline{B}(e,e))e))) = e,\\ (e(e(e((e\overline{A}^{2^{k+m}}(e)\overline{B}(e)\overline{A}(e)\overline{B}(y,e))e))))e = e.\end{cases}$$

Равенство

$$e(e(e((e\overline{A}^{2^{n+m}}(e)\overline{B}(e)\overline{A}(e)\overline{B}(e,e))e))) =$$

$$\overline{B}(e)\overline{A}^{2^{k+m}}(e)\overline{B}(e)\overline{A}(e)\overline{B}(y,e)$$

по определению отображения $\overline{B}$ можно представить в виде

$$e(e(e((e\overline{A}^{2^{n+m}}(e)\overline{B}(e)\overline{A}(e)\overline{B}(e,e))e))) =$$

$$e((e(e(e((e\overline{A}^{2^{k+m}}(e)\overline{B}(e)\overline{A}(e)\overline{B}(y,e))e))))e).$$

В силу свободы кольца $F\mathfrak{R}$ равенство

$$e(e(e((e\overline{A}^{2^{n+m}}(e)\overline{B}(e)\overline{A}(e)\overline{B}(e,e))e))) =$$

$$e((e(e(e((e\overline{A}^{2^{k+m}}(e)\overline{B}(e)\overline{A}(e)\overline{B}(y,e))e))))e)$$

равносильно равенству

$$e(e((e\overline{A}^{2^{n+m}}(e)\overline{B}(e)\overline{A}(e)\overline{B}(e,e))e)) =$$

$$(e(e(e((e\overline{A}^{2^{k+m}}(e)\overline{B}(e)\overline{A}(e)\overline{B}(y,e))e))))e.$$

Легко понять, что равенство

$$e(e((e\overline{A}^{2^{n+m}}(e)\overline{B}(e)\overline{A}(e)\overline{B}(e,e))e)) =$$

$$(e(e(e((e\overline{A}^{2^{k+m}}(e)\overline{B}(e)\overline{A}(e)\overline{B}(y,e))e))))e$$

в кольце $F\mathfrak{R}$ равносильно ложной системе равенств

$$\begin{cases} e((e\overline{A}^{2^{n+m}}(e)\overline{B}(e)\overline{A}(e)\overline{B}(e,e))e) = e, \\ e(e(e((e\overline{A}^{2^{k+m}}(e)\overline{B}(e)\overline{A}(e)\overline{B}(y,e))e))) = e. \end{cases}$$

Следовательно случай слова (5) невозможен.

Равенство

$$e(e((e\overline{A}^{2^{n+m}}(e)\overline{B}(e)\overline{A}(e)\overline{B}(e,e))e)) =$$

$$\overline{B}(e)\overline{A}^{2^{k+m}}(e)\overline{B}(e)\overline{A}(e)\overline{B}(y,e)$$

по определению отображения $\overline{B}$ можно представить в виде

$$e(e((e\overline{A}^{2^{n+m}}(e)\overline{B}(e)\overline{A}(e)\overline{B}(e,e))e)) =$$

$$e((e(e(e((e\overline{A}^{2^{k+m}}(e)\overline{B}(e)\overline{A}(e)\overline{B}(y,e))e))))e).$$

В силу свободы кольца $F\mathfrak{R}$ равенство

$$e(e((e\overline{A}^{2^{n+m}}(e)\overline{B}(e)\overline{A}(e)\overline{B}(e,e))e)) =$$

$$e((e(e(e((e\overline{A}^{2^{k+m}}(e)\overline{B}(e)\overline{A}(e)\overline{B}(y,e))e))))e)$$

равносильно равенству

$$e((e\overline{A}^{2^{n+m}}(e)\overline{B}(e)\overline{A}(e)\overline{B}(e,e))e) =$$

$$(e(e(e((e\overline{A}^{2^{k+m}}(e)\overline{B}(e)\overline{A}(e)\overline{B}(y,e))e))))e.$$

Легко понять, что равенство

$$e((e\overline{A}^{2^{n+m}}(e)\overline{B}(e)\overline{A}(e)\overline{B}(e,e))e) =$$

$$(e(e(e((e\overline{A}^{2^{k+m}}(e)\overline{B}(e)\overline{A}(e)\overline{B}(y,e))e))))e$$

в кольце $F\mathfrak{R}$ равносильно ложной системе равенств

$$\begin{cases} (e\overline{A}^{2^{n+m}}(e)\overline{B}(e)\overline{A}(e)\overline{B}(e,e))e = e, \\ e(e(e((e\overline{A}^{2^{k+m}}(e)\overline{B}(e)\overline{A}(e)\overline{B}(y,e))e))) = e. \end{cases}$$

Следовательно случай слова (6) тоже невозможен.

Равенство

$$e((e\overline{A}^{2^{n+m}}(e)\overline{B}(e)\overline{A}(e)\overline{B}(e,e))e) =$$

$$\overline{B}(e)\overline{A}^{2^{k+m}}(e)\overline{B}(e)\overline{A}(e)\overline{B}(y,e)$$

по определению отображения $\overline{B}$ можно представить в виде

$$e((e\overline{A}^{2^{n+m}}(e)\overline{B}(e)\overline{A}(e)\overline{B}(e,e))e) =$$

$$e((e(e(e((e\overline{A}^{2^{k+m}}(e)\overline{B}(e)\overline{A}(e)\overline{B}(y,e))e))))e).$$

В силу свободы кольца $F\mathfrak{R}$ равенство

$$e((e\overline{A}^{2^{n+m}}(e)\overline{B}(e)\overline{A}(e)\overline{B}(e,e))e) =$$

$$e((e(e(e((e\overline{A}^{2^{k+m}}(e)\overline{B}(e)\overline{A}(e)\overline{B}(y,e))e))))e)$$

равносильно равенству

$$(e\overline{A}^{2^{n+m}}(e)\overline{B}(e)\overline{A}(e)\overline{B}(e,e))e =$$

$$(e(e(e((e\overline{A}^{2^{k+m}}(e)\overline{B}(e)\overline{A}(e)\overline{B}(y,e))e))))e.$$

Из равенства

$$(e\overline{A}^{2^{n+m}}(e)\overline{B}(e)\overline{A}(e)\overline{B}(e,e))e =$$

$$(e(e(e((e\overline{A}^{2^{k+m}}(e)\overline{B}(e)\overline{A}(e)\overline{B}(y,e))e))))e$$

вытекает равенство

$$e\overline{A}^{2^{n+m}}(e)\overline{B}(e)\overline{A}(e)\overline{B}(e,e) =$$

$$e(e(e((e\overline{A}^{2^{k+m}}(e)\overline{B}(e)\overline{A}(e)\overline{B}(y,e))e))),$$

равносильное равенству

$$\overline{A}^{2^{n+m}}(e)\overline{B}(e)\overline{A}(e)\overline{B}(e,e) =$$

$$e(e((e\overline{A}^{2^{k+m}}(e)\overline{B}(e)\overline{A}(e)\overline{B}(y,e))e)).$$

По определению отображения $\overline{A}$ равенство

$$\overline{A}^{2^{n+m}}(e)\overline{B}(e)\overline{A}(e)\overline{B}(e,e) =$$

$$e(e((e\overline{A}^{2^{k+m}}(e)\overline{B}(e)\overline{A}(e)\overline{B}(y,e))e))$$

можно представить в виде

$$e((e(e((e\overline{A}^{2^{n+m}-1}(e)\overline{B}(e)\overline{A}(e)\overline{B}(e,e))e)))e) =$$

$$e(e((e\overline{A}^{2^{k+m}}(e)\overline{B}(e)\overline{A}(e)\overline{B}(y,e))e)).$$

Из последнего равенства в силу свободы кольца $F\mathfrak{R}$ вытекает равенство

$$(e(e((e\overline{A}^{2^{n+m}-1}(e)\overline{B}(e)\overline{A}(e)\overline{B}(e,e))e)))e =$$

$$e((e\overline{A}^{2^{k+m}}(e)\overline{B}(e)\overline{A}(e)\overline{B}(y,e))e).$$

Легко понять, что равенство

$$(e(e((e\overline{A}^{2^{n+m}-1}(e)\overline{B}(e)\overline{A}(e)\overline{B}(e,e))e)))e =$$

$$e((e\overline{A}^{2^{k+m}}(e)\overline{B}(e)\overline{A}(e)\overline{B}(y,e))e)$$

в кольце $F\mathfrak{R}$ равносильно ложной системе равенств

$$\begin{cases} e(e((e\overline{A}^{2^{n+m}-1}(e)\overline{B}(e)\overline{A}(e)\overline{B}(e,e))e)) = e, \\ (e\overline{A}^{2^{k+m}}(e)\overline{B}(e)\overline{A}(e)\overline{B}(y,e))e = e. \end{cases}$$

Поэтому случай слова (7) невозможен.

Равенство

$$(e\overline{A}^{2^{n+m}}(e)\overline{B}(e)\overline{A}(e)\overline{B}(e,e))e =$$

$$\overline{B}(e)\overline{A}^{2^{k+m}}(e)\overline{B}(e)\overline{A}(e)\overline{B}(y,e)$$

по определению отображения $\overline{B}$ можно представить в виде

$$(e\overline{A}^{2^{n+m}}(e)\overline{B}(e)\overline{A}(e)\overline{B}(e,e))e =$$

$$e((e(e(e((e\overline{A}^{2^{k+m}}(e)\overline{B}(e)\overline{A}(e)\overline{B}(y,e))e))))e).$$

Легко понять, что это равенство равносильно ложной системе равенств

$$\begin{cases} e\overline{A}^{2^{n+m}}(e)\overline{B}(e)\overline{A}(e)\overline{B}(e,e) = e, \\ (e(e(e((e\overline{A}^{2^{k+m}}(e)\overline{B}(e)\overline{A}(e)\overline{B}(y,e))e))))e = e. \end{cases}$$

Равенство

$$e\overline{A}^{2^{n+m}}(e)\overline{B}(e)\overline{A}(e)\overline{B}(e,e) = \overline{B}(e)\overline{A}^{2^{k+m}}(e)\overline{B}(e)\overline{A}(e)\overline{B}(y,e)$$

по определению отображения $\overline{B}$ можно представить в виде

$$e\overline{A}^{2^{n+m}}(e)\overline{B}(e)\overline{A}(e)\overline{B}(e,e) =$$

$$e((e(e(e((e\overline{A}^{2^{k+m}}(e)\overline{B}(e)\overline{A}(e)\overline{B}(y,e))e))))e).$$

В силу свободы кольца $F\mathfrak{R}$ из этого равенства вытекает равенство

$$\overline{A}^{2^{n+m}}(e)\overline{B}(e)\overline{A}(e)\overline{B}(e,e) =$$

$$(e(e(e((e\overline{A}^{2^{k+m}}(e)\overline{B}(e)\overline{A}(e)\overline{B}(y,e))e))))e.$$

Заметим, что последнее равенство по определению отображения $\overline{A}$ можно представить в виде

$$e((e(e((e\overline{A}^{2^{n+m}-1}(e)\overline{B}(e)\overline{A}(e)\overline{B}(e,e))e)))e) =$$

$$(e(e(e((e\overline{A}^{2^{k+m}}(e)\overline{B}(e)\overline{A}(e)\overline{B}(y,e))e))))e.$$

Очевидно, что равенство

$$e((e(e((e\overline{A}^{2^{n+m}-1}(e)\overline{B}(e)\overline{A}(e)\overline{B}(e,e))e)))e) =$$

$$(e(e(e((e\overline{A}^{2^{k+m}}(e)\overline{B}(e)\overline{A}(e)\overline{B}(y,e))e))))e.$$

равносильно ложной системе равенств

$$\begin{cases} (e(e((e\overline{A}^{2^{n+m}-1}(e)\overline{B}(e)\overline{A}(e)\overline{B}(e,e))e)))e = e, \\ e(e(e((e\overline{A}^{2^{k+m}}(e)\overline{B}(e)\overline{A}(e)\overline{B}(y,e))e))) = e. \end{cases}$$

Таким образом мы убедились в том, что слово

$$\overline{B}(e)\overline{A}^{2^{k+m}}(e)\overline{B}(e)\overline{A}(e)\overline{B}(y,e)$$

не может иметь вид (8) или (9).

Рассмотрим слово (10). По определению отображений $\overline{A}$ и $\overline{B}$, равенство

$$\overline{A}^{p}(e)\overline{B}(e)\overline{A}(e)\overline{B}(e,e) = \overline{B}(e)\overline{A}^{2^{k+m}}(e)\overline{B}(e)\overline{A}(e)\overline{B}(y,e)$$

можно представить в виде

$$e((e(e((e\overline{A}^{p-1}(e)\overline{B}(e)\overline{A}(e)\overline{B}(e,e))e)))e) =$$

$$e((e(e(e((e\overline{A}^{2^{k+m}}(e)\overline{B}(e)\overline{A}(e)\overline{B}(y,e))e))))e).$$

В силу свободы кольца $F\mathfrak{R}$ имеет место следующее соотношение

$$F\mathfrak{R} \models \Big(e((e(e((e\overline{A}^{p-1}(e)\overline{B}(e)\overline{A}(e)\overline{B}(e,e))e)))e) =$$

$$e((e(e(e((e\overline{A}^{2^{k+m}}(e)\overline{B}(e)\overline{A}(e)\overline{B}(y,e))e))))e) \Leftrightarrow$$

$$(e(e((e\overline{A}^{p-1}(e)\overline{B}(e)\overline{A}(e)\overline{B}(e,e))e)))e =$$

$$(e(e(e((e\overline{A}^{2^{k+m}}(e)\overline{B}(e)\overline{A}(e)\overline{B}(y,e))e))))e \Leftrightarrow$$

$$e(e((e\overline{A}^{p-1}(e)\overline{B}(e)\overline{A}(e)\overline{B}(e,e))e)) =$$

$$e(e(e((e\overline{A}^{2^{k+m}}(e)\overline{B}(e)\overline{A}(e)\overline{B}(y,e))e))) \Leftrightarrow$$

$$e((e\overline{A}^{p-1}(e)\overline{B}(e)\overline{A}(e)\overline{B}(e,e))e) =$$

$$e(e((e\overline{A}^{2^{k+m}}(e)\overline{B}(e)\overline{A}(e)\overline{B}(y,e))e)) \Leftrightarrow$$

$$(e\overline{A}^{p-1}(e)\overline{B}(e)\overline{A}(e)\overline{B}(e,e))e =$$

$$e((e\overline{A}^{2^{k+m}}(e)\overline{B}(e)\overline{A}(e)\overline{B}(y,e))e) \Leftrightarrow$$

$$e\overline{A}^{p-1}(e)\overline{B}(e)\overline{A}(e)\overline{B}(e,e) = e\wedge$$

$$(e\overline{A}^{2^{k+m}}(e)\overline{B}(e)\overline{A}(e)\overline{B}(y,e))e = e\Big).$$

Очевидно, что конъюнкция

$$e\overline{A}^{p-1}(e)\overline{B}(e)\overline{A}(e)\overline{B}(e,e) = e\wedge$$

$$(e\overline{A}^{2^{k+m}}(e)\overline{B}(e)\overline{A}(e)\overline{B}(y,e))e = e$$

ложна. Следовательно слово

$$\overline{B}(e)\overline{A}^{2^{k+m}}(e)\overline{B}(e)\overline{A}(e)\overline{B}(y,e)$$

не является словом вида (10).

По определению отображения $\overline{B}$ равенство

$$(e(e((e\overline{A}^{p}(e)\overline{B}(e)\overline{A}(e)\overline{B}(e,e))e)))e =$$

$$\overline{B}(e)\overline{A}^{2^{k+m}}(e)\overline{B}(e)\overline{A}(e)\overline{B}(y,e)$$

можно представить в виде

$$(e(e((e\overline{A}^{p}(e)\overline{B}(e)\overline{A}(e)\overline{B}(e,e))e)))e =$$

$$e((e(e(e((e\overline{A}^{2^{k+m}}(e)\overline{B}(e)\overline{A}(e)\overline{B}(y,e))e))))e).$$

Легко понять, что это равенство равносильно ложной системе равенств

$$\begin{cases} e(e((e\overline{A}^{p}(e)\overline{B}(e)\overline{A}(e)\overline{B}(e,e))e)) = e, \\ (e(e(e((e\overline{A}^{2^{k+m}}(e)\overline{B}(e)\overline{A}(e)\overline{B}(y,e))e))))e = e. \end{cases}$$

Следовательно слово

$$\overline{B}(e)\overline{A}^{2^{k+m}}(e)\overline{B}(e)\overline{A}(e)\overline{B}(y,e)$$

не является словом вида (11).

По определению отображения $\overline{B}$ равенство

$$e(e((e\overline{A}^p(e)\overline{B}(e)\overline{A}(e)\overline{B}(e,e))e)) =$$

$$\overline{B}(e)\overline{A}^{2^{k+m}}(e)\overline{B}(e)\overline{A}(e)\overline{B}(y,e)$$

можно представить в виде

$$e(e((e\overline{A}^p(e)\overline{B}(e)\overline{A}(e)\overline{B}(e,e))e)) =$$

$$e((e(e(e((e\overline{A}^{2^{k+m}}(e)\overline{B}(e)\overline{A}(e)\overline{B}(y,e))e))))e).$$

В силу свободы кольца $F\mathfrak{R}$ имеет место следующее соотношение

$$F\mathfrak{R} \models \Big(e(e((e\overline{A}^p(e)\overline{B}(e)\overline{A}(e)\overline{B}(e,e))e)) =$$

$$e((e(e(e((e\overline{A}^{2^{k+m}}(e)\overline{B}(e)\overline{A}(e)\overline{B}(y,e))e))))e) \Leftrightarrow$$

$$e((e\overline{A}^p(e)\overline{B}(e)\overline{A}(e)\overline{B}(e,e))e) =$$

$$(e(e(e((e\overline{A}^{2^{k+m}}(e)\overline{B}(e)\overline{A}(e)\overline{B}(y,e))e))))e \Leftrightarrow$$

$$(e\overline{A}^p(e)\overline{B}(e)\overline{A}(e)\overline{B}(e,e))e = e\wedge$$

$$e(e(e((e\overline{A}^{2^{k+m}}(e)\overline{B}(e)\overline{A}(e)\overline{B}(y,e))e))) = e\Big).$$

Поскольку конъюнкция

$$(e\overline{A}^p(e)\overline{B}(e)\overline{A}(e)\overline{B}(e,e))e = e\wedge$$

$$e(e(e((e\overline{A}^{2^{k+m}}(e)\overline{B}(e)\overline{A}(e)\overline{B}(y,e))e))) = e$$

ложна в кольце $F\mathfrak{R}$, слово

$$\overline{B}(e)\overline{A}^{2^{k+m}}(e)\overline{B}(e)\overline{A}(e)\overline{B}(y,e)$$

не является словом вида (12).

По определению отображения $\overline{B}$ равенство

$$e((e\overline{A}^p(e)\overline{B}(e)\overline{A}(e)\overline{B}(e,e))e) = \overline{B}(e)\overline{A}^{2^{k+m}}(e)\overline{B}(e)\overline{A}(e)\overline{B}(y,e)$$

можно представить в виде

$$e((e\overline{A}^p(e)\overline{B}(e)\overline{A}(e)\overline{B}(e,e))e) =$$

$$e((e(e(e((e\overline{A}^{2^{k+m}}(e)\overline{B}(e)\overline{A}(e)\overline{B}(y,e))e))))e).$$

В силу свободы кольца $F\mathfrak{R}$ имеет место следующее соотношение

$$F\mathfrak{R} \models \Big(e((e\overline{A}^p(e)\overline{B}(e)\overline{A}(e)\overline{B}(e,e))e) =$$

$$e((e(e(e((e\overline{A}^{2^{k+m}}(e)\overline{B}(e)\overline{A}(e)\overline{B}(y,e))e))))e) \Leftrightarrow$$

$$(e\overline{A}^p(e)\overline{B}(e)\overline{A}(e)\overline{B}(e,e))e =$$

$$(e(e(e((e\overline{A}^{2^{k+m}}(e)\overline{B}(e)\overline{A}(e)\overline{B}(y,e))e))))e \Leftrightarrow$$

$$e\overline{A}^p(e)\overline{B}(e)\overline{A}(e)\overline{B}(e,e) =$$

$$e(e(e((e\overline{A}^{2^{k+m}}(e)\overline{B}(e)\overline{A}(e)\overline{B}(y,e))e))) \Leftrightarrow$$

$$\overline{A}^p(e)\overline{B}(e)\overline{A}(e)\overline{B}(e,e) =$$

$$e(e((e\overline{A}^{2^{k+m}}(e)\overline{B}(e)\overline{A}(e)\overline{B}(y,e))e))\Big).$$

Предположим, что $p > 0$. Тогда по определению отображения $\overline{A}$ равенство

$$\overline{A}^p(e)\overline{B}(e)\overline{A}(e)\overline{B}(e,e) =$$

$$e(e((e\overline{A}^{2^{k+m}}(e)\overline{B}(e)\overline{A}(e)\overline{B}(y,e))e))$$

можно представить в виде

$$e((e(e((e\overline{A}^{p-1}(e)\overline{B}(e)\overline{A}(e)\overline{B}(e,e))e)))e) =$$

$$e(e((e\overline{A}^{2^{k+m}}(e)\overline{B}(e)\overline{A}(e)\overline{B}(y,e))e)).$$

Следовательно имеет место следующее соотношение в кольце $F\mathfrak{R}$

$$F\mathfrak{R} \models \Big(e((e(e((e\overline{A}^{p-1}(e)\overline{B}(e)\overline{A}(e)\overline{B}(e,e))e)))e) =$$

$$e(e((e\overline{A}^{2^{k+m}}(e)\overline{B}(e)\overline{A}(e)\overline{B}(y,e))e)) \Leftrightarrow$$

$$(e(e((e\overline{A}^{p-1}(e)\overline{B}(e)\overline{A}(e)\overline{B}(e,e))e)))e =$$

$$e((e\overline{A}^{2^{k+m}}(e)\overline{B}(e)\overline{A}(e)\overline{B}(y,e))e) \Leftrightarrow$$

$$e(e((e\overline{A}^{p-1}(e)\overline{B}(e)\overline{A}(e)\overline{B}(e,e))e)) = e\wedge$$

$$(e\overline{A}^{2^{k+m}}(e)\overline{B}(e)\overline{A}(e)\overline{B}(y,e))e = e$$

Поскольку конъюнкция

$$e(e((e\overline{A}^{p-1}(e)\overline{B}(e)\overline{A}(e)\overline{B}(e,e))e)) = e\wedge$$

$$(e\overline{A}^{2^{k+m}}(e)\overline{B}(e)\overline{A}(e)\overline{B}(y,e))e = e$$

ложна в кольце $F\mathfrak{R}$, $p = 0$. Так как $p = 0$, длина слова (13) не больше 26. Поэтому слово

$$\overline{B}(e)\overline{A}^{2^{k+m}}(e)\overline{B}(e)\overline{A}(e)\overline{B}(y,e)$$

не является словом вида (13).

Рассмотрим случай слова (14). По определению отображения $\overline{B}$ равенство

$$(e\overline{A}^{p}(e)\overline{B}(e)\overline{A}(e)\overline{B}(e,e))e = \overline{B}(e)\overline{A}^{2^{k+m}}(e)\overline{B}(e)\overline{A}(e)\overline{B}(y,e)$$

можно представить в виде

$$(e\overline{A}^{p}(e)\overline{B}(e)\overline{A}(e)\overline{B}(e,e))e =$$

$$e((e(e(e((e\overline{A}^{2^{k+m}}(e)\overline{B}(e)\overline{A}(e)\overline{B}(y,e))e))))e).$$

Очевидно, что последнее равенство равносильно ложной системе равенств

$$\begin{cases} e\overline{A}^{p}(e)\overline{B}(e)\overline{A}(e)\overline{B}(e,e) = e, \\ (e(e(e((e\overline{A}^{2^{k+m}}(e)\overline{B}(e)\overline{A}(e)\overline{B}(y,e))e))))e = e. \end{cases}$$

По определению отображения $\overline{B}$ равенство

$$e\overline{A}^{p}(e)\overline{B}(e)\overline{A}(e)\overline{B}(e,e) = \overline{B}(e)\overline{A}^{2^{k+m}}(e)\overline{B}(e)\overline{A}(e)\overline{B}(y,e)$$

можно представить в виде

$$e\overline{A}^{p}(e)\overline{B}(e)\overline{A}(e)\overline{B}(e,e) =$$

$$e((e(e(e((e\overline{A}^{2^{k+m}}(e)\overline{B}(e)\overline{A}(e)\overline{B}(y,e))e))))e).$$

В силу свободы кольца $F\mathfrak{R}$ равенство

$$e\overline{A}^{p}(e)\overline{B}(e)\overline{A}(e)\overline{B}(e,e) =$$

$$e((e(e(e((e\overline{A}^{2^{k+m}}(e)\overline{B}(e)\overline{A}(e)\overline{B}(y,e))e))))e)$$

равносильно равенству

$$\overline{A}^{p}(e)\overline{B}(e)\overline{A}(e)\overline{B}(e,e) =$$

$$(e(e(e((e\overline{A}^{2^{k+m}}(e)\overline{B}(e)\overline{A}(e)\overline{B}(y,e))e))))e.$$

Предположим, что $p > 0$. Тогда по определению отображения $\overline{A}$ равенство

$$\overline{A}^{p}(e)\overline{B}(e)\overline{A}(e)\overline{B}(e,e) =$$

$$(e(e(e((e\overline{A}^{2^{k+m}}(e)\overline{B}(e)\overline{A}(e)\overline{B}(y,e))e))))e.$$

можно представить в виде

$$e((e(e((e\overline{A}^{p-1}(e)\overline{B}(e)\overline{A}(e)\overline{B}(e,e))e)))e) =$$

$$(e(e(e((e\overline{A}^{2^{k+m}}(e)\overline{B}(e)\overline{A}(e)\overline{B}(y,e))e))))e.$$

В силу свободы кольца $F\mathfrak{R}$ имеет место следующее соотношение

$$F\mathfrak{R} \models \Big(e((e(e((e\overline{A}^{p-1}(e)\overline{B}(e)\overline{A}(e)\overline{B}(e,e))e)))e) =$$

$$(e(e(e((e\overline{A}^{2^{k+m}}(e)\overline{B}(e)\overline{A}(e)\overline{B}(y,e))e))))e \Leftrightarrow$$

$$(e(e((e\overline{A}^{p-1}(e)\overline{B}(e)\overline{A}(e)\overline{B}(e,e))e)))e = e\wedge$$

$$e(e(e((e\overline{A}^{2^{k+m}}(e)\overline{B}(e)\overline{A}(e)\overline{B}(y,e))e))) = e\Big).$$

Поскольку конъюнкция

$$(e(e((e\overline{A}^{p-1}(e)\overline{B}(e)\overline{A}(e)\overline{B}(e,e))e)))e = e\wedge$$

$$e(e(e((e\overline{A}^{2^{k+m}}(e)\overline{B}(e)\overline{A}(e)\overline{B}(y,e))e))) = e$$

ложна в кольце $F\mathfrak{R}$, $p = 0$. Так как $p = 0$, длина слова (15) не больше 25. Поэтому слово

$$\overline{B}(e)\overline{A}^{2^{k+m}}(e)\overline{B}(e)\overline{A}(e)\overline{B}(y,e)$$

не является словом вида (15).

Итак, мы убедились в том, что слово

$$\overline{B}(e)\overline{A}^{2^{k+m}}(e)\overline{B}(e)\overline{A}(e)\overline{B}(y,e)$$

не является подсловом слова

$$\overline{B}(e)\overline{A}^{2^{n+m}}(e)\overline{B}(e)\overline{A}(e)\overline{B}(e,e).$$

Отсюда вытекает, что равенство

$$\overline{B}(e)\overline{A}^{2^{n+m}}(e)\overline{B}(e)\overline{A}(e)\overline{B}(e,e) = u_{i1}h_j u_{i2}$$

ложно, а значит тождество

$$\overline{B}(x)\overline{A}^{2^{n+m}}(x)\overline{B}(x)\overline{A}(x)\overline{B}(x,x) = 0$$

не выводимо из системы ${\Sigma_n}'$.

Пусть теперь

$$\Sigma_n' = \Sigma_n \backslash \{Q_1(x,x)A^{2^n}(x)C(x)D(x) =$$

$$Q_0(x,x)A(x)C(x)D(x)\}.$$

Обозначим через $\mathfrak{X}'$ многообразие, заданное системой тождеств Σ_n'. Предположим, что тождество

$$Q_1(x,x)A^{2^n}(x)C(x)D(x) =$$

$$Q_0(x,x)A(x)C(x)D(x)$$

выводимо из системы тождеств Σ'_n. Тогда многообразие $\mathfrak{X}'$ должно удовлетворять этому тождеству. Обозначим через $F\mathfrak{X}'$ кольцо счетного ранга, свободное в многообразии $\mathfrak{X}'$. Заметим, что многообразие $\mathfrak{X}'$ удовлетворяет тождеству

$$Q_1(x,x)A^{2^n}(x)C(x)D(x) =$$

$$Q_0(x,x)A(x)C(x)D(x)$$

тогда и только тогда, когда этому тождеству удовлетворяет кольцо $F\mathfrak{X}'$. В кольце $F\mathfrak{X}'$ тождество

$$Q_1(x,x)A^{2^n}(x)C(x)D(x) =$$

$$Q_0(x,x)A(x)C(x)D(x)$$

выполняется тогда и только тогда, когда в этом кольце выполняется соотношение

$$Q_1(e,e)A^{2^n}(e)C(e)D(e) =$$

$$Q_0(e,e)A(e)C(e)D(e).$$

Обозначим через S множество многочленов $f(e)$, таких что $f(\vec{e}) = 0$ - соотношение в кольце $F\mathfrak{X}'$, полученное из одного из тождеств, задающих многообразие $\mathfrak{A}\cap\mathfrak{B}\cap\mathfrak{M}$, подстановкой вместо переменных конкретных элементов кольца $F\mathfrak{X}'$. Пусть I - идеал кольца $F\mathfrak{R}$, порожденный множеством S. Тогда очевидно, что соотношение

$$Q_1(e,e)A^{2^n}(e)C(e)D(e) =$$

$$Q_0(e,e)A(e)C(e)D(e)$$

выполняется в кольце $F\mathfrak{X}'$ тогда и только тогда, когда многочлен

$$Q_1(e,e)A^{2^n}(e)C(e)D(e)+$$

$$Q_0(e,e)A(e)C(e)D(e)$$

является элементом идеала I. Из соотношения

$$Q_1(e,e)A^{2^n}(e)C(e)D(e)+$$

$$Q_0(e,e)A(e)C(e)D(e) \in I$$

вытекает, что в кольце $F\mathfrak{R}$ выполняется равенство

$$Q_1(e,e)A^{2^n}(e)C(e)D(e)+$$

$$Q_0(e,e)A(e)C(e)D(e) = \sum_{i,j} u_{i1}h_j u_{i2},$$

где $h_j \in S$, $u_{i1}h_j u_{i2}$ - некоторое произведение многочленов, имеющее вид

$$u_{i_1}^{(1)} \dots u_{i_1}^{(k)} h_j u_{i_2}^{(1)} \dots u_{i_2}^{(l)}$$

с некоторым расположением скобок. В силу дистрибутивности можно считать, что все многочлены, входящие в $u_{i1}h_j u_{i2}$, за исключением h_j, являются одночленами. Поскольку $F\mathfrak{R}$ - метабелево кольцо, то все эти одночлены принадлежат множеству свободных образующих. Так как в левой части равенства

$$Q_1(e,e)A^{2^n}(e)C(e)D(e)+$$

$$Q_0(e,e)A(e)C(e)D(e) = \sum_{i,j} u_{i1}h_j u_{i2}$$

стоит многочлен, зависящий только от образующего e, в силу свободы кольца $F\mathfrak{R}$ без ограничения общнисти можно считать, что в правой части этого равенства тоже стоит многочлен, зависящий только от образующего e.

Аналогично тому, как это сделано при рассмотрении системы тождеств

$$\Sigma_n \backslash \{Q_i(x,x)C(x)D(x) =$$

$$Q_j(x,x)A^{\varepsilon_1}(x)B^{\varepsilon_2}(x)C(x)D(x)\},$$

можно показать, что сумма $\sum\limits_{i,j} u_{i1}h_j u_{i2}$ представима в виде $f_1 + f_2$, где $f_1 = \sum_{i,j} v_{i1}h_j v_{i1}$ и каждый одночлен многочлена f_1 имеет вид

$$w_1(e,e)w_2(e)\dots w_n(e)(w_i \in W),$$

а f_2 - многочлен, ни один одночлен которого не равен

$$Q_j(e,e)w_2(e)\dots w_n(e)$$

ни для каких j и w_i из $W \backslash \{Q_i \mid i{\in}\{0,1,\dots,m\}\}$, причем в многочлене f_1 для некоторого натурального числа j имеет место равенство $w_1 = Q_j$ и для любых l_1, l_2 имеет место соотношение $w_{l_1} \neq Q_{l_2}$ при условии $l_1 > 1$. Заметим, что, также как и при рассмотрении системы тождеств

$$\Sigma_n \backslash \{Q_i(x,x)C(x)D(x) =$$

$$Q_j(x,x)A^{\varepsilon_1}(x)B^{\varepsilon_2}(x)C(x)D(x)\},$$

мы получим многочлен f_1 такой, что $f_1 = \sum_{i,j} v_{i1}h_j v_{i1}$, причем для любого j многочлен h_j соответствует тождеству многообразия $\mathfrak{B}{\cap}\mathfrak{M}$. Следовательно тождество

$$Q_1(x,x)A^{2^n}(x)C(x)D(x) =$$

$$Q_0(x,x)A(x)C(x)D(x)$$

выводимо из системы Σ'_n тогда и только тогда, когда это тождество выполняется в многообразии $\mathfrak{B} \cap \mathfrak{M} \cap \mathfrak{R}$. Отсюда с учетом того, что $n \notin \mathcal{P}$, вытекает, что тождество

$$Q_1(x,x)A^{2^n}(x)C(x)D(x) =$$

$$Q_0(x,x)A(x)C(x)D(x)$$

выводимо из системы Σ'_n.

Итак, мы убедились в том, что система тождеств Σ_n независима тогда и только тогда, когда $n \notin \mathcal{P}$. Отсюда в силу нерекурсивности множества $\mathcal{P}$ получаем требуемое.

§5. Независимость бесконечных систем тождеств групп

В этом параграфе мы рассмотрим доказательство теоремы 1 для бесконечной системы групповых тождеств.

При доказательстве теоремы 1 в этом случае мы будем следовать обозначениям работы [182]. Пусть $v = 1$ - тождество, определяющее группу $S(l_0, 2)$. Положим $f_k = w_{D_k}^4 \cdot v$, где $D_k = 2D_0 - 2k$ ($k \in \mathbb{Z}$), слова $w_{D_k}^4$ и v записаны на непересекающихся множествах переменных. Пусть D_0 - многочлен, множество всех значений $\mathbb{K}$ которого при произвольных целых значениях переменных нерекурсивно, существующий согласно [187]. Обозначим через Σ_i систему групповых тождеств

$$\{w_{2p+1}^4 = 1, f_i = 1, w_0^4 = 1 \mid p \in \mathbb{N}\}.$$

Покажем, что система тождеств Σ_i независима тогда и только тогда, когда $i \notin \mathbb{K}$.

Предположим, что $i \in \mathbb{K}$. Тогда уравнение $2D_0 = 2i$ разрешимо в целых числах. Отсюда по следствию 3.6 из [182] получаем, что слово w_0^4 является следствием слова f_i. Следовательно система тождеств Σ_i зависима.

Предположим теперь, что $i \notin \mathbb{K}$. Заметим, что так как слова $w_{D_k}^4$ и v записаны на непересекающихся множествах переменных, то система тождеств Σ_i эквивалентна системе тождеств

$$\Sigma_i' = \{w_{2p+1}^4 = 1, v = 1, w_{D_i}^4 = 1, w_0^4 = 1 \mid p \in \mathbb{N}\}.$$

Заметим также, что тождество $v = 1$ по определению задает многообразие $\mathfrak{S}(l_0, 2)$. Согласно предложению 6.1 из работы [182] имеем, что если

$$\{P_l \mid P_l = D_i, P_l = 2p+1, P_l = 0, p \in \mathbb{N}\} -$$

множество многочленов таких, что $P_l[\mathbb{Z}] \not\supset P_j[\mathbb{Z}]$ при $l \neq j$, то система тождеств

$$\{w_{2p+1}^4 = 1, w_{D_i}^4 = 1, w_0^4 = 1 \mid p \in \mathbb{N}\}.$$

независима в многообразии $\mathfrak{S}(l_0, 2)$. По определению $2p + 1[\mathbb{Z}] = 2p+1$, $0[\mathbb{Z}] = 0$. Кроме того, по определению $2p+1 \notin D_i[\mathbb{Z}]$. Следовательно для многочленов из множества

$$\{P_l \mid P_l = D_i, P_l = 2p+1, P_l = 0, p \in \mathbb{N}\}$$

соотношение $P_l[\mathbb{Z}] \not\supset P_j[\mathbb{Z}]$ выполняется лишь в том случае, когда уравнение $D_0 = i$ разрешимо в целых числах, т.е. когда $i \in \mathbb{K}$. Поэтому в силу того, что $i \notin \mathbb{K}$, система тождеств

$$\{w_{2p+1}^4 = 1, w_{D_i}^4 = 1, w_0^4 = 1 \mid p \in \mathbb{N}\}.$$

независима в многообразии $\mathfrak{S}(l_0, 2)$. Покажем теперь, что независима и система тождеств Σ_i. Допустим противное. Тогда система тождеств Σ_i будет зависима и в многообразии $\mathfrak{S}(l_0, 2)$. Поскольку тождество $v = 1$ задает многообразие $\mathfrak{S}(l_0, 2)$, система тождеств Σ_i в многообразии $\mathfrak{S}(l_0, 2)$ примет вид

$$\{w_{2p+1}^4 = 1, w_{D_i}^4 = 1, w_0^4 = 1 \mid p \in \mathbb{N}\}.$$

Так как эта система независима в многообразии $\mathfrak{S}(l_0, 2)$, система тождеств Σ_i тоже должна быть независимой.

Таким образом мы доказали, что система тождеств Σ_i независима тогда и только тогда, когда $i \notin \mathbb{K}$. Отсюда в силу нерекурсивности множества $\mathbb{K}$ вытекает требуемое.

2 n-независимые системы тождеств

Неассоциативный многочлен будем называть гомотипным, если он является линейной комбинацией одночленов, в запись каждого из которых входят одни и те же переменные. Тождество кольцевой сигнатуры $f(\vec{x}) = 0$ называется гомотипным, если $f(\vec{x})$ - гомотипный многочлен. Очевидно, что любая система кольцевых тождеств эквивалентна системе гомотипных тождеств. (см. [178] стр. 148, [193] стр. 7). Полугрупповое (групповое) тождество $u = v$ называется гомотипным, если множества букв, встречающихся в словах u и v совпадают [193].

Пусть $\mathfrak{Y}$ - многообразие. Допустим, что $\mathfrak{Y}$ может быть определено системой тождеств, зависящей от ограниченного числа переменных. Пусть r - наименьшее число переменных в записи любой такой системы. Скажем, что $r = r_a(\mathfrak{Y})$ - аксиоматический ранг многообразия $\mathfrak{Y}$. Если $\mathfrak{Y}$ не может быть определено системой тождеств от конечного числа переменных, то говорят, что аксиоматический ранг многообразия $\mathfrak{Y}$ бесконечен, и пишут

$$r_a(\mathfrak{Y}) = \infty.$$

Как правило, мы работаем в пределах некоторого многообразия $\mathfrak{Z}$ данной сигнатуры (например, многообразия групп, полугрупп, колец). Под аксиоматическим рангом многообразия $\mathfrak{Y}$ поэтому имеется в виду число переменных в тождествах, задающих $\mathfrak{Y}$ по модулю системы тождеств (аксиом) многообразия $\mathfrak{Z}$ [179].

Система тождеств независима (в многообразии $\mathfrak{X}$), если она не эквивалентна (в многообразии $\mathfrak{X}$) никакой своей собственной подсистеме. Многообразие $\mathfrak{Y}$ независимо базируемо (в многообразии $\mathfrak{X}$), если оно обладает (в многообразии $\mathfrak{X}$) независимым базисом тождеств. Систему тождеств от n переменных конечной или счетной мощности τ назовем n-независимой (в многообразии $\mathfrak{X}$), если никакая ее подсистема мощности $\tau_0 \leq \tau$ не эквивалентна (в многообразии $\mathfrak{X}$) системе тождеств от n переменных мощности $< \tau$ [183].

Замечание 1. Любая неодноэлементная система групповых (кольцевых) тождеств Σ от n переменных эквивалентна системе тождеств Σ' от $2n$ переменных, не являющейся $2n$ независимой. Причем если система тождеств Σ независима, то и система тождеств Σ' будет независимой. В самом деле, пусть Σ - неодноэлементная система кольцевых тождеств от n переменных. Предположим, что

$$f_1(x_1, x_2, \ldots, x_n) =$$

$$g_1(x_1, x_2, \ldots, x_n) \in \Sigma,$$

$$f_2(x_1, x_2, \ldots, x_n) =$$

$$g_2(x_1, x_2, \ldots, x_n) \in \Sigma.$$

Рассмотрим систему тождеств

$$\Sigma' = \Big(\Sigma \backslash \{f_1(x_1, x_2, \ldots, x_n) =$$

$$g_1(x_1, x_2, \ldots, x_n),$$

$$f_2(x_1, x_2, \ldots, x_n) =$$

$$g_2(x_1, x_2, \ldots, x_n)\}\Big) \cup$$

$$\{f_1(x_1, x_2, \ldots, x_n) + \sum_{i=n+1}^{2n} x_i =$$

$$g_1(x_1, x_2, \ldots, x_n) + \sum_{i=n+1}^{2n} x_i,$$

$$f_2(x_1, x_2, \ldots, x_n) + \sum_{i=n+1}^{2n} x_i =$$

$$g_2(x_1, x_2, \ldots, x_n) + \sum_{i=n+1}^{2n} x_i\}.$$

Очевидно, что система тождеств Σ' эквивалентна системе тождеств Σ, Σ' - система тождеств от $2n$ переменных, Σ' - независима, если независима система тождеств Σ. Однако, система тождеств Σ' не будет $2n$ независимой, поскольку ее подсистема

$$\{f_1(x_1, x_2, \ldots, x_n) + \sum_{i=n+1}^{2n} x_i =$$

$$g_1(x_1, x_2, \ldots, x_n) + \sum_{i=n+1}^{2n} x_i,$$

$$f_2(x_1, x_2, \ldots, x_n) + \sum_{i=n+1}^{2n} x_i =$$

$$g_2(x_1, x_2, \ldots, x_n) + \sum_{i=n+1}^{2n} x_i\}$$

эквивалентна одному тождеству от $2n$ переменных:

$$f_1(x_1, x_2, \ldots, x_n) +$$

$$f_2(x_{n+1}, x_{n+2}, \ldots, x_{2n}) =$$

$$g_1(x_1, x_2, \ldots, x_n) +$$

$$g_2(x_{n+1}, x_{n+2}, \ldots, x_{2n}).$$

Совершенно аналогично, пусть Σ - неодноэлементная система групповых тождеств от n переменных. Предположим, что

$$f_1(x_1, x_2, \ldots, x_n) =$$

$$g_1(x_1, x_2, \ldots, x_n) \in \Sigma,$$

$$f_2(x_1, x_2, \ldots, x_n) =$$

$$g_2(x_1, x_2, \ldots, x_n) \in \Sigma.$$

Рассмотрим систему тождеств

$$\Sigma' = \Big(\Sigma \backslash \{f_1(x_1, x_2, \ldots, x_n) =$$

$$g_1(x_1, x_2, \ldots, x_n),$$

$$f_2(x_1, x_2, \ldots, x_n) =$$

$$g_2(x_1, x_2, \ldots, x_n)\}\Big) \cup$$

$$\{f_1(x_1, x_2, \ldots, x_n) \cdot \prod_{i=n+1}^{2n} x_i =$$

$$g_1(x_1, x_2, \ldots, x_n) \cdot \prod_{i=n+1}^{2n} x_i,$$

$$f_2(x_1, x_2, \ldots, x_n) \cdot \prod_{i=n+1}^{2n} x_i =$$

$$g_2(x_1, x_2, \ldots, x_n) \cdot \prod_{i=n+1}^{2n} x_i\}.$$

Очевидно, что система тождеств Σ' эквивалентна системе тождеств Σ, Σ' - система тождеств от $2n$ переменных, Σ' - независима, если независима система тождеств Σ. Однако, система тождеств Σ' не будет $2n$ независимой, поскольку ее подсистема

$$\{f_1(x_1, x_2, \ldots, x_n) \cdot \prod_{i=n+1}^{2n} x_i =$$

$$g_1(x_1, x_2, \ldots, x_n) \cdot \prod_{i=n+1}^{2n} x_i,$$

$$f_2(x_1, x_2, \ldots, x_n) \cdot \prod_{i=n+1}^{2n} x_i =$$

$$g_2(x_1, x_2, \ldots, x_n) \cdot \prod_{i=n+1}^{2n} x_i\}$$

эквивалентна одному тождеству от $2n$ переменных:

$$f_1(x_1, x_2, \ldots, x_n)\cdot$$

$$f_2(x_{n+1}, x_{n+2}, \ldots, x_{2n}) =$$

$$g_1(x_1, x_2, \ldots, x_n)\cdot$$

$$g_2(x_{n+1}, x_{n+2}, \ldots, x_{2n}).$$

В связи с тем, что любая неодноэлементная система групповых (кольцевых) тождеств Σ от n переменных эквивалентна системе тождеств Σ' от $2n$ переменных, не являющейся $2n$ независимой, естественно внести некоторые коррективы в понятие n-независимости, введенное в работе [183]. В частности, конструкция приведенная выше, показывает, что в случае колец понятие n-независимости имеет смысл рассматривать только для гомотипных систем тождеств. Кроме того, необходимо наложить некоторое условие минимальности на число n. Поэтому в дальнейшем мы будем говорить, что система тождеств Σ от $n = r_a(var\{\Sigma\})$ переменных конечной или счетной мощности τ называется n-независимой (в многообразии $\mathfrak{X}$), если никакая ее подсистема Σ' от $k = r_a(var\{\Sigma'\})$ переменных мощности $\tau_0 \leq \tau$ не эквивалентна (в многообразии $\mathfrak{X}$) системе тождеств от k переменных мощности $< \tau$, причем всякая подсистема Σ' системы Σ зависит от $k = r_a(var\{\Sigma'\})$ переменных. Систему тождеств Σ будем называть приведенной, если для любой подсистемы $\Sigma' \subseteq \Sigma$ система тождеств Σ' зависит от $r_a(var\{\Sigma'\})$ переменных.

В работе [183] (см. теорему 7.2) построен пример бесконечной системы групповых тождеств, 2-независимой в многообразии 7-разрешимых групп. В работе [182] (см. замечание 7.6) приведен пример бесконечной независимой системы групповых тождеств от n переменных, не являющейся n-независимой.

Замечание 2. Система тождеств

$$\{v_1(t_1, \ldots, t_n) = 1,$$

$$v_i(t_1, t_2, t_3) = 1 \mid i \geq 2\},$$

рассмотренная в замечании 7.6 из работы [182], как нетрудно убедиться, не является приведенной. В частности, тождество

$$v_1(t_1, \ldots, t_n) = 1$$

можно заменить системой тождеств

$$v_1'(t_1, t_2, t_3) = 1,$$

$$v(t_1, \ldots, t_{n-3}) = 1.$$

Однако, легко понять, что отображение

$$t_j \to [y, x^j],$$

где $1 \leq j \leq n$, переводит систему тождеств

$$\{v_1(t_1, \ldots, t_n) = 1,$$

$$v_i(t_1, t_2, t_3) = 1 \mid i \geq 2\}$$

в приведенную систему тождеств, каждое тождество которой зависит от двух переменных, при этом полученная система тождеств будет независимой, но не будет 2-независимой.

Теорема 2. *Существует бесконечная независимая система кольцевых тождеств от 1 переменной, не являющаяся 1-независимой.*

Доказательство теоремы 2. Пусть

$$A(x) = (((((xx)(xx))x)x)x)((xx)(xx)),$$

$$B(x) = ((((((xx)(xx))x)x)x)x)((xx)(xx)).$$

Обозначим через Σ следующую систему тождеств:

$$\{3(A(x)B(x))A(x) = 0,$$

$$3((A(x)B(x))B(x))A(x) = 0,$$

$$5(((A(x)B(x))B(x))B(x))A(x) = 0,$$

$$5((((A(x)B(x))B(x))B(x))B(x))A(x) = 0,$$

$$(\dots(A(x)\underbrace{B(x))\dots B(x))}_{l}A(x)=0,$$

$$(((A(x)B(x))A(x))$$

$$((A(x)B(x))A(x)))$$

$$(((A(x)B(x))B(x))A(x))=$$

$$(((A(x)B(x))A(x))$$

$$(((A(x)B(x))B(x))A(x)))$$

$$((A(x)B(x))A(x)),$$

$$(((((A(x)B(x))B(x))B(x))A(x))$$

$$((((A(x)B(x))B(x))B(x))A(x)))$$

$$(((((A(x)B(x))B(x))B(x))B(x))A(x))=$$

$$(((((A(x)B(x))B(x))B(x))A(x))$$

$$(((((A(x)B(x))B(x))B(x))B(x))A(x)))$$

$$((((A(x)B(x))B(x))B(x))A(x))\mid l>4\}.$$

Покажем, что Σ - требуемая система тождеств. Для этого нам нужно показать, что система тождеств Σ - независима и существует подсистема Σ' системы Σ мощности τ такая, что система Σ' эквивалентна системе Σ'', причем мощность системы Σ'' меньше τ и Σ'' - система тождеств от одной переменной. Пусть

$$\Sigma' = \{3(A(x)B(x))A(x) = 0,$$

$$3((A(x)B(x))B(x))A(x) = 0,$$

$$5(((A(x)B(x))B(x))B(x))A(x) = 0,$$

$$5((((A(x)B(x))B(x))B(x))B(x))A(x) = 0,$$

$$(((A(x)B(x))A(x))$$

$$((A(x)B(x))A(x)))$$

$$(((A(x)B(x))B(x))A(x)) =$$

$$(((A(x)B(x))A(x))$$

$$(((A(x)B(x))B(x))A(x)))$$

$$((A(x)B(x))A(x)),$$

$$(((((A(x)B(x))B(x))B(x))A(x))$$

$$((((A(x)B(x))B(x))B(x))A(x)))$$

$$(((((A(x)B(x))B(x))B(x))B(x))A(x)) =$$

$$(((((A(x)B(x))B(x))B(x))A(x))$$

$$(((((A(x)B(x))B(x))B(x))B(x))A(x)))$$

$$((((A(x)B(x))B(x))B(x))A(x))\},$$

$$\Sigma'' = \{3(A(x)B(x))A(x) = 0,$$

$$3((A(x)B(x))B(x))A(x) = 0,$$

$$5(((A(x)B(x))B(x))B(x))A(x) = 0,$$

$$5((((A(x)B(x))B(x))B(x))B(x))A(x) = 0,$$

$$(((A(x)B(x))A(x))$$

$$((A(x)B(x))A(x)))$$

$$(((A(x)B(x))B(x))A(x))+$$

$$(((((A(x)B(x))B(x))B(x))A(x))$$

$$((((A(x)B(x))B(x))B(x))A(x)))$$

$$(((((A(x)B(x))B(x))B(x))B(x))A(x)) =$$

$$(((A(x)B(x))A(x))$$

$$(((A(x)B(x))B(x))A(x)))$$

$$((A(x)B(x))A(x))+$$

$$(((((A(x)B(x))B(x))B(x))A(x))$$

$$(((((A(x)B(x))B(x))B(x))B(x))A(x)))$$

$$((((A(x)B(x))B(x))B(x))A(x))\}.$$

Очевидно, что все тождества системы Σ'' следуют из тождеств системы Σ'. Покажем, что все тождества системы Σ' следуют из тождеств системы Σ''. Для этого, очевидно, достаточно показать, что из системы тождеств Σ'' выводимы тождества

$$(((A(x)B(x))A(x))$$

$$((A(x)B(x))A(x)))$$

$$(((A(x)B(x))B(x))A(x)) =$$

$$(((A(x)B(x))A(x))$$

$$(((A(x)B(x))B(x))A(x)))$$

$$((A(x)B(x))A(x)),$$

$$(((((A(x)B(x))B(x))B(x))A(x))$$

$$((((A(x)B(x))B(x))B(x))A(x)))$$

$$(((((A(x)B(x))B(x))B(x))B(x))A(x)) =$$

$$(((((A(x)B(x))B(x))B(x))A(x))$$

$$(((((A(x)B(x))B(x))B(x))B(x))A(x)))$$

$$((((A(x)B(x))B(x))B(x))A(x)).$$

Рассмотрим сначала случай тождества

$$(((A(x)B(x))A(x))$$

$$((A(x)B(x))A(x)))$$

$$(((A(x)B(x))B(x))A(x)) =$$

$$(((A(x)B(x))A(x))$$

$$(((A(x)B(x))B(x))A(x)))$$

$$((A(x)B(x))A(x)).$$

Подставим в тождество

$$(((A(x)B(x))A(x))$$

$$((A(x)B(x))A(x)))$$

$$(((A(x)B(x))B(x))A(x))+$$

$$(((((A(x)B(x))B(x))B(x))A(x))$$

$$((((A(x)B(x))B(x))B(x))A(x)))$$

$$(((((A(x)B(x))B(x))B(x))B(x))A(x)) =$$

$$(((A(x)B(x))A(x))$$

$$(((A(x)B(x))B(x))A(x)))$$

$$((A(x)B(x))A(x))+$$

$$(((((A(x)B(x))B(x))B(x))A(x))$$

$$(((((A(x)B(x))B(x))B(x))B(x))A(x)))$$

$$((((A(x)B(x))B(x))B(x))A(x))$$

$10x$ вместо x. Получим тождество

$$10^{114}(((A(x)B(x))A(x))$$

$$((A(x)B(x))A(x)))$$

$$(((A(x)B(x))B(x))A(x))+$$

$$10^{186}(((((A(x)B(x))B(x))B(x))A(x))$$

$$((((A(x)B(x))B(x))B(x))A(x)))$$

$$(((((A(x)B(x))B(x))B(x))B(x))A(x)) =$$

$$10^{114}(((A(x)B(x))A(x))$$

$$(((A(x)B(x))B(x))A(x)))$$

$$((A(x)B(x))A(x))+$$

$$10^{186}(((((A(x)B(x))B(x))B(x))A(x))$$

$$(((((A(x)B(x))B(x))B(x))B(x))A(x)))$$

$$((((A(x)B(x))B(x))B(x))A(x)).$$

В силу тождеств

$$5(((A(x)B(x))B(x))B(x))A(x) = 0,$$

$$5((((A(x)B(x))B(x))B(x))B(x))A(x) = 0,$$

из тождества

$$10^{114}(((A(x)B(x))A(x))$$

$$((A(x)B(x))A(x)))$$

$$(((A(x)B(x))B(x))A(x))+$$

$$10^{186}(((((A(x)B(x))B(x))B(x))A(x))$$

$$((((A(x)B(x))B(x))B(x))A(x)))$$

$$(((((A(x)B(x))B(x))B(x))B(x))A(x)) =$$

$$10^{114}(((A(x)B(x))A(x))$$

$$(((A(x)B(x))B(x))A(x)))$$

$$((A(x)B(x))A(x))+$$

$$10^{186}(((((A(x)B(x))B(x))B(x))A(x))$$

$$(((((A(x)B(x))B(x))B(x))B(x))A(x)))$$

$$((((A(x)B(x))B(x))B(x))A(x))$$

вытекает тождество

$$10^{114}(((A(x)B(x))A(x))$$

$$((A(x)B(x))A(x)))$$

$$(((A(x)B(x))B(x))A(x)) =$$

$$10^{114}(((A(x)B(x))A(x))$$

$$(((A(x)B(x))B(x))A(x)))$$

$$((A(x)B(x))A(x)).$$

Заметим, что $10^{114} \equiv 1 \bmod 3$. Поэтому, в силу тождеств

$$3(A(x)B(x))A(x) = 0,$$

$$3((A(x)B(x))B(x))A(x) = 0,$$

из тождества

$$10^{114}(((A(x)B(x))A(x))$$

$$((A(x)B(x))A(x)))$$

$$(((A(x)B(x))B(x))A(x)) =$$

$$10^{114}(((A(x)B(x))A(x))$$

$$(((A(x)B(x))B(x))A(x)))$$

$$((A(x)B(x))A(x))$$

вытекает тождество

$$(((A(x)B(x))A(x))$$

$$((A(x)B(x))A(x)))$$

$$(((A(x)B(x))B(x))A(x)) =$$

$$(((A(x)B(x))A(x))$$

$$(((A(x)B(x))B(x))A(x)))$$

$$((A(x)B(x))A(x)),$$

что и требовалось. Подставим теперь в тождество

$$(((A(x)B(x))A(x))$$

$$((A(x)B(x))A(x)))$$

$$(((A(x)B(x))B(x))A(x))+$$

$$(((((A(x)B(x))B(x))B(x))A(x))$$

$$((((A(x)B(x))B(x))B(x))A(x)))$$

$$(((((A(x)B(x))B(x))B(x))B(x))A(x)) =$$

$$(((A(x)B(x))A(x))$$

$$(((A(x)B(x))B(x))A(x)))$$

$$((A(x)B(x))A(x))+$$

$$(((((A(x)B(x))B(x))B(x))A(x))$$

$$(((((A(x)B(x))B(x))B(x))B(x))A(x)))$$

$$((((A(x)B(x))B(x))B(x))A(x))$$

$21x$ вместо x. Получим тождество

$$21^{114}(((A(x)B(x))A(x))$$

$$((A(x)B(x))A(x)))$$

$$(((A(x)B(x))B(x))A(x))+$$

$$21^{186}(((((A(x)B(x))B(x))B(x))A(x))$$

$$((((A(x)B(x))B(x))B(x))A(x)))$$

$$(((((A(x)B(x))B(x))B(x))B(x))A(x)) =$$

$$21^{114}(((A(x)B(x))A(x))$$

$$(((A(x)B(x))B(x))A(x)))$$

$$((A(x)B(x))A(x))+$$

$$21^{186}(((((A(x)B(x))B(x))B(x))A(x))$$

$$(((((A(x)B(x))B(x))B(x))B(x))A(x)))$$

$$((((A(x)B(x))B(x))B(x))A(x)).$$

В силу тождеств

$$3(A(x)B(x))A(x) = 0,$$

$$3((A(x)B(x))B(x))A(x) = 0,$$

из тождества

$$21^{114}(((A(x)B(x))A(x))$$

$$((A(x)B(x))A(x)))$$

$$(((A(x)B(x))B(x))A(x))+$$

$$21^{186}(((((A(x)B(x))B(x))B(x))A(x))$$

$$((((A(x)B(x))B(x))B(x))A(x)))$$

$$(((((A(x)B(x))B(x))B(x))B(x))A(x)) =$$

$$21^{114}(((A(x)B(x))A(x))$$

$$(((A(x)B(x))B(x))A(x)))$$

$$((A(x)B(x))A(x))+$$

$$21^{186}(((((A(x)B(x))B(x))B(x))A(x))$$

$$(((((A(x)B(x))B(x))B(x))B(x))A(x)))$$

$$((((A(x)B(x))B(x))B(x))A(x))$$

следует тождество

$$21^{186}(((((A(x)B(x))B(x))B(x))A(x))$$

$$((((A(x)B(x))B(x))B(x))A(x)))$$

$$(((((A(x)B(x))B(x))B(x))B(x))A(x)) =$$

$$21^{186}(((((A(x)B(x))B(x))B(x))A(x))$$

$$(((((A(x)B(x))B(x))B(x))B(x))A(x)))$$

$$((((A(x)B(x))B(x))B(x))A(x)).$$

Заметим, что $21^{186} \equiv 1 \bmod 10$. Поэтому, в силу тождеств

$$5(((A(x)B(x))B(x))B(x))A(x) = 0,$$

$$5((((A(x)B(x))B(x))B(x))B(x))A(x) = 0,$$

из тождества

$$21^{186}(((((A(x)B(x))B(x))B(x))A(x))$$

$$((((A(x)B(x))B(x))B(x))A(x)))$$

$$(((((A(x)B(x))B(x))B(x))B(x))A(x)) =$$

$$21^{186}(((((A(x)B(x))B(x))B(x))A(x))$$

$$(((((A(x)B(x))B(x))B(x))B(x))A(x)))$$

$$((((A(x)B(x))B(x))B(x))A(x))$$

следует тождество

$$(((((A(x)B(x))B(x))B(x))A(x))$$

$$((((A(x)B(x))B(x))B(x))A(x)))$$

$$(((((A(x)B(x))B(x))B(x))B(x))A(x)) =$$

$$(((((A(x)B(x))B(x))B(x))A(x))$$

$$(((((A(x)B(x))B(x))B(x))B(x))A(x)))$$

$$((((A(x)B(x))B(x))B(x))A(x)),$$

что и требовалось. Таким образом, мы убедились в том, что системы тождеств Σ' и Σ'' эквивалентны.

Покажем теперь, что система тождеств Σ независима. Пусть

$$\Sigma^* = \Sigma \backslash \{3(A(x)B(x))A(x) = 0\}.$$

Допустим, что тождество

$$3(A(x)B(x))A(x) = 0$$

выводимо из системы тождеств Σ^*. Обозначим через $\mathfrak{X}^*$ многообразие, заданное системой тождеств Σ^*. Так как тождество

$$3(A(x)B(x))A(x) = 0$$

выводимо из системы тождеств Σ^*, многообразие $\mathfrak{X}^*$ должно удовлетворять этому тождеству. Обозначим через $F\mathfrak{X}^*$ кольцо счетного ранга, свободное в многообразии $\mathfrak{X}^*$. Заметим, что многообразие $\mathfrak{X}^*$ удовлетворяет тождеству

$$3(A(x)B(x))A(x) = 0$$

тогда и только тогда, когда этому тождеству удовлетворяет кольцо $F\mathfrak{X}^*$ [185]. В кольце $F\mathfrak{X}^*$ тождество

$$3(A(x)B(x))A(x) = 0$$

выполняется тогда и только тогда, когда в этом кольце выполняется соотношение

$$3(A(e)B(e))A(e) = 0,$$

где e - некоторый свободный образующий кольца $F\mathfrak{X}^*$. Обозначим через S множество многочленов $f(e)$, таких что $f(\vec{e}) = 0$ - соотношение в кольце $F\mathfrak{X}^*$, полученное из одного из тождеств системы Σ^* подстановкой вместо переменных конкретных элементов кольца $F\mathfrak{X}^*$. Пусть $F\mathfrak{R}$ - кольцо счетного ранга, свободное в многообразии всех колец. Для удобства образующие кольца $F\mathfrak{R}$ мы будем обозначать теми же буквами, что и образующие кольца $F\mathfrak{X}^*$. Обозначим через I идеал кольца $F\mathfrak{R}$, порожденный множеством S. Тогда очевидно, что соотношение

$$3(A(e)B(e))A(e) = 0$$

выполняется в кольце $F\mathfrak{X}^*$ тогда и только тогда, когда многочлен

$$3(A(e)B(e))A(e)$$

является элементом идеала I. Из соотношения

$$3(A(e)B(e))A(e) \in I$$

вытекает, что в кольце $F\mathfrak{R}$ выполняется равенство

$$3(A(e)B(e))A(e) = \sum_{i,j} u_{i1}h_j u_{i2},$$

где $h_j \in S$, $u_{i1}h_j u_{i2}$ - некоторое произведение многочленов, имеющее вид

$$u_{i_1}^{(1)} \dots u_{i_1}^{(k)} h_j u_{i_2}^{(1)} \dots u_{i_2}^{(l)}$$

с некоторым расположением скобок. В силу дистрибутивности, можно считать, что все многочлены, входящие в $u_{i1}h_ju_{i2}$, за исключением h_j, являются одночленами.

Заметим, что в левой части равенства

$$3(A(e)B(e))A(e) = \sum_{i,j} u_{i1}h_ju_{i2}$$

стоит сумма одночленов, степень каждого из которых равна 34. По определению системы тождеств Σ^*, в правой части равенства

$$3(A(e)B(e))A(e) = \sum_{i,j} u_{i1}h_ju_{i2}$$

стоит сумма одночленов, степень каждого из которых не меньше 46. Отсюда, в силу свободы кольца $F\mathfrak{R}$, вытекает, что равенство

$$3(A(e)B(e))A(e) = \sum_{i,j} u_{i1}h_ju_{i2}$$

равносильно системе равенств

$$\begin{cases} 3(A(e)B(e))A(e) = 0, \\ \\ \sum\limits_{i,j} u_{i1}h_ju_{i2} = 0. \end{cases}$$

Очевидно, что равенство

$$3(A(e)B(e))A(e) = 0$$

невозможно. Следовательно, равенство

$$3(A(e)B(e))A(e) = \sum_{i,j} u_{i1}h_ju_{i2}$$

ложно, а значит, тождество

$$3(A(x)B(x))A(x) = 0$$

не выводимо из системы тождеств Σ^*.

Пусть теперь

$$\Sigma^* = \Sigma \backslash \{3((A(x)B(x))B(x))A(x) = 0\}.$$

Допустим, что тождество

$$3((A(x)B(x))B(x))A(x) = 0$$

выводимо из системы тождеств Σ^*. Обозначим через $\mathfrak{X}^*$ многообразие, заданное системой тождеств Σ^*. Так как тождество

$$3((A(x)B(x))B(x))A(x) = 0$$

выводимо из системы тождеств Σ^*, многообразие $\mathfrak{X}^*$ должно удовлетворять этому тождеству. Обозначим через $F\mathfrak{X}^*$ кольцо счетного ранга, свободное в многообразии $\mathfrak{X}^*$. Заметим, что многообразие $\mathfrak{X}^*$ удовлетворяет тождеству

$$3((A(x)B(x))B(x))A(x) = 0$$

тогда и только тогда, когда этому тождеству удовлетворяет кольцо $F\mathfrak{X}^*$ [185]. В кольце $F\mathfrak{X}^*$ тождество

$$3((A(x)B(x))B(x))A(x) = 0$$

выполняется тогда и только тогда, когда в этом кольце выполняется соотношение

$$3((A(e)B(e))B(e))A(e) = 0,$$

где e - некоторый свободный образующий кольца $F\mathfrak{X}^*$. Обозначим через S множество многочленов $f(e)$, таких что $f(\vec{e}) = 0$ - соотношение в кольце $F\mathfrak{X}^*$, полученное из одного из тождеств системы Σ^* подстановкой вместо переменных конкретных элементов кольца $F\mathfrak{X}^*$. Пусть $F\mathfrak{N}$ - кольцо счетного ранга, свободное в многообразии всех колец. Для удобства образующие кольца $F\mathfrak{R}$ мы будем обозначать теми же буквами, что и образующие кольца $F\mathfrak{X}^*$. Обозначим через I идеал кольца $F\mathfrak{R}$, порожденный множеством S. Тогда очевидно, что соотношение

$$3((A(e)B(e))B(e))A(e) = 0$$

выполняется в кольце $F\mathfrak{X}^*$ тогда и только тогда, когда многочлен

$$3((A(e)B(e))B(e))A(e)$$

является элементом идеала I. Из соотношения

$$3((A(e)B(e))B(e))A(e) \in I$$

вытекает, что в кольце $F\mathfrak{R}$ выполняется равенство

$$3((A(e)B(e))B(e))A(e) = \sum_{i,j} u_{i1}h_j u_{i2},$$

где $h_j \in S$, $u_{i1}h_j u_{i2}$ - некоторое произведение многочленов, имеющее вид

$$u_{i_1}^{(1)} \dots u_{i_1}^{(k)} h_j u_{i_2}^{(1)} \dots u_{i_2}^{(l)}$$

с некоторым расположением скобок. В силу дистрибутивности, можно считать, что все многочлены, входящие в $u_{i1}h_j u_{i2}$, за исключением h_j, являются одночленами.

Так как равенство

$$3((A(e)B(e))B(e))A(e) = \sum_{i,j} u_{i1}h_j u_{i2}$$

является равенством в свободном кольце, существуют i и j такие, что слово

$$((A(e)B(e))B(e))A(e)$$

является одночленом многочлена $u_{i1}h_ju_{i2}$. Предположим, что многочлен h_j соответствует тождеству из системы

$$\Sigma^*\backslash\{3(A(x)B(x))A(x)=0\}.$$

Тогда степень каждого одночлена многочлена h_j не меньше 58. Заметим, что в левой части равенства

$$3((A(e)B(e))B(e))A(e)=\sum_{i,j}u_{i1}h_ju_{i2}$$

стоит сумма одночленов, степень каждого из которых равна 46. Поэтому слово

$$((A(e)B(e))B(e))A(e)$$

является одночленом многочлена $u_{i1}h_ju_{i2}$ лишь в том случае, когда многочлен h_j соответствует тождеству

$$3(A(x)B(x))A(x)=0.$$

Так как многочлен h_j соответствует тождеству

$$3(A(x)B(x))A(x)=0,$$

каждый одночлен многочлена h_j содержит подслово вида

$$((((((x_1x_2)(x_3x_4))x_5)x_6)x_7)$$

$$((x_8x_9)(x_{10}x_{11})))$$

$$(((((((x_{12}x_{13})(x_{14}x_{15}))x_{16})x_{17})x_{18})x_{19})$$

$$((x_{20}x_{21})(x_{22}x_{23}))))$$

$$((((((x_{24}x_{25})(x_{26}x_{27}))x_{28})x_{29})x_{30})$$

$$((x_{31}x_{32})(x_{33}x_{34}))).$$

Так как слово

$$((A(e)B(e))B(e))A(e)$$

является одночленом многочлена $u_{i1}h_ju_{i2}$, то и слово

$$((A(e)B(e))B(e))A(e)$$

должно содержать подслово вида

$$((((((((x_1x_2)(x_3x_4))x_5)x_6)x_7)$$

$$((x_8x_9)(x_{10}x_{11})))$$

$$((((((((x_{12}x_{13})(x_{14}x_{15}))x_{16})x_{17})x_{18})x_{19})$$

$$((x_{20}x_{21})(x_{22}x_{23}))))$$

$$((((((x_{24}x_{25})(x_{26}x_{27}))x_{28})x_{29})x_{30})$$

$$((x_{31}x_{32})(x_{33}x_{34}))).$$

Предположим сначала, что слово

$$((((((((x_1x_2)(x_3x_4))x_5)x_6)x_7)$$

$$((x_8x_9)(x_{10}x_{11})))$$

$$((((((((x_{12}x_{13})(x_{14}x_{15}))x_{16})x_{17})x_{18})x_{19})$$

$$((x_{20}x_{21})(x_{22}x_{23}))))$$

$$((((((x_{24}x_{25})(x_{26}x_{27}))x_{28})x_{29})x_{30})$$

$$((x_{31}x_{32})(x_{33}x_{34})))$$

является собственным подсловом слова

$$((A(e)B(e))B(e))A(e).$$

Заметим, что все собственные подслова слова

$$((A(e)B(e))B(e))A(e)$$

либо являются подсловами слова

$$(A(e)B(e))B(e),$$

либо являются подсловами слова $A(e)$. Поскольку длина слова $A(e)$ равна 11, а длина слова

$$(((((((x_1x_2)(x_3x_4))x_5)x_6)x_7)$$

$$((x_8x_9)(x_{10}x_{11})))$$

$$(((((((x_{12}x_{13})(x_{14}x_{15}))x_{16})x_{17})x_{18})x_{19})$$

$$((x_{20}x_{21})(x_{22}x_{23}))))$$

$$((((((x_{24}x_{25})(x_{26}x_{27}))x_{28})x_{29})x_{30})$$

$$((x_{31}x_{32})(x_{33}x_{34})))$$

не меньше 34, слово

$$(((((((x_1x_2)(x_3x_4))x_5)x_6)x_7)$$

$$((x_8x_9)(x_{10}x_{11})))$$

$$(((((((x_{12}x_{13})(x_{14}x_{15}))x_{16})x_{17})x_{18})x_{19})$$

$$((x_{20}x_{21})(x_{22}x_{23}))))$$

$$((((((x_{24}x_{25})(x_{26}x_{27}))x_{28})x_{29})x_{30})$$

$$((x_{31}x_{32})(x_{33}x_{34})))$$

является подсловом слова

$$(A(e)B(e))B(e).$$

Все собственные подслова слова

$$(A(e)B(e))B(e)$$

являются подсловами слов $A(e)B(e)$ и $B(e)$, и их длина не превосходит 23. Следовательно, имеет место равенство

$$(A(e)B(e))B(e) =$$

$$(((((((x_1x_2)(x_3x_4))x_5)x_6)x_7)$$

$$((x_8x_9)(x_{10}x_{11})))$$

$$(((((((x_{12}x_{13})(x_{14}x_{15}))x_{16})x_{17})x_{18})x_{19})$$

$$((x_{20}x_{21})(x_{22}x_{23}))))$$

$$((((((x_{24}x_{25})(x_{26}x_{27}))x_{28})x_{29})x_{30})$$

$$((x_{31}x_{32})(x_{33}x_{34}))).$$

Очевидно, что последнее равенство равносильно системе равенств

$$\begin{cases} A(e)B(e) = \\ ((((((x_1x_2)(x_3x_4))x_5)x_6)x_7) \\ ((x_8x_9)(x_{10}x_{11}))) \\ (((((((x_{12}x_{13})(x_{14}x_{15}))x_{16})x_{17})x_{18})x_{19}) \\ ((x_{20}x_{21})(x_{22}x_{23}))), \\ B(e) = \\ (((((x_{24}x_{25})(x_{26}x_{27}))x_{28})x_{29})x_{30}) \\ ((x_{31}x_{32})(x_{33}x_{34})). \end{cases}$$

Равенство

$$B(e) = (((((x_{24}x_{25})(x_{26}x_{27}))x_{28})x_{29})x_{30})$$

$$((x_{31}x_{32})(x_{33}x_{34}))$$

можно представить в виде

$$((((((ee)(ee))e)e)e)e)((ee)(ee)) =$$

$$(((((x_{24}x_{25})(x_{26}x_{27}))x_{28})x_{29})x_{30})$$

$$((x_{31}x_{32})(x_{33}x_{34})).$$

В силу свободы кольца $F\mathfrak{R}$, в кольце $F\mathfrak{R}$ имеет место следующая система соотношений

$$((((((ee)(ee))e)e)e)e)((ee)(ee)) =$$

$$(((((x_{24}x_{25})(x_{26}x_{27}))x_{28})x_{29})x_{30})$$

$$((x_{31}x_{32})(x_{33}x_{34})) \Leftrightarrow$$

$$\begin{cases} (((((ee)(ee))e)e)e)e = \\ ((((x_{24}x_{25})(x_{26}x_{27}))x_{28})x_{29})x_{30}, \\ (ee)(ee) = \\ (x_{31}x_{32})(x_{33}x_{34}) \end{cases} \Leftrightarrow$$

$$\begin{cases} ((((ee)(ee))e)e)e = \\ (((x_{24}x_{25})(x_{26}x_{27}))x_{28})x_{29}, \\ e = x_{30}, \\ ee = x_{31}x_{32}, \\ ee = x_{33}x_{34} \end{cases} \Leftrightarrow$$

$$\begin{cases} (((ee)(ee))e)e = \\ ((x_{24}x_{25})(x_{26}x_{27}))x_{28}, \\ e = x_{29}, \\ e = x_{30}, \\ e = x_{31}, \\ e = x_{32}, \\ e = x_{33}, \\ e = x_{34} \end{cases} \Leftrightarrow$$

$$\begin{cases} ((ee)(ee))e = \\ (x_{24}x_{25})(x_{26}x_{27}), \\ e = x_{28}, \\ e = x_{29}, \\ e = x_{30}, \\ e = x_{31}, \\ e = x_{32}, \\ e = x_{33}, \\ e = x_{34} \end{cases} \Leftrightarrow$$

$$
\begin{cases}
(ee)(ee) = x_{24}x_{25}, \\
e = x_{26}x_{27}, \\
e = x_{28}, \\
e = x_{29}, \\
e = x_{30}, \\
e = x_{31}, \\
e = x_{32}, \\
e = x_{33}, \\
e = x_{34}.
\end{cases}
$$

Так как равенство $e = x_{26}x_{27}$ ложно, то ложно и равенство

$$(A(e)B(e))B(e) =$$

$$(((((((x_1x_2)(x_3x_4))x_5)x_6)x_7)$$

$$((x_8x_9)(x_{10}x_{11})))$$

$$(((((((x_{12}x_{13})(x_{14}x_{15}))x_{16})x_{17})x_{18})x_{19})$$

$$((x_{20}x_{21})(x_{22}x_{23}))))$$

$$((((((x_{24}x_{25})(x_{26}x_{27}))x_{28})x_{29})x_{30})$$

$$((x_{31}x_{32})(x_{33}x_{34}))).$$

Отсюда вытекает, что слово

$$(((((((x_1x_2)(x_3x_4))x_5)x_6)x_7)$$

$$((x_8x_9)(x_{10}x_{11})))$$

$$(((((((x_{12}x_{13})(x_{14}x_{15}))x_{16})x_{17})x_{18})x_{19})$$

$$((x_{20}x_{21})(x_{22}x_{23}))))$$

$$((((((x_{24}x_{25})(x_{26}x_{27}))x_{28})x_{29})x_{30})$$

$$((x_{31}x_{32})(x_{33}x_{34})))$$

не является собственным подсловом слова

$$((A(e)B(e))B(e))A(e).$$

Следовательно, слово

$$((A(e)B(e))B(e))A(e)$$

является одночленом многочлена $u_{i1}h_ju_{i2}$ тогда и только тогда, когда выполняется равенство

$$((A(e)B(e))B(e))A(e) =$$

$$(((((((x_1x_2)(x_3x_4))x_5)x_6)x_7)$$

$$((x_8x_9)(x_{10}x_{11})))$$

$$(((((((x_{12}x_{13})(x_{14}x_{15}))x_{16})x_{17})x_{18})x_{19})$$

$$((x_{20}x_{21})(x_{22}x_{23}))))$$

$$((((((x_{24}x_{25})(x_{26}x_{27}))x_{28})x_{29})x_{30})$$

$$((x_{31}x_{32})(x_{33}x_{34}))).$$

Из равенства

$$((A(e)B(e))B(e))A(e) =$$

$$(((((((x_1x_2)(x_3x_4))x_5)x_6)x_7)$$

$$((x_8x_9)(x_{10}x_{11})))$$

$$(((((((x_{12}x_{13})(x_{14}x_{15}))x_{16})x_{17})x_{18})x_{19})$$

$$((x_{20}x_{21})(x_{22}x_{23}))))$$

$$((((((x_{24}x_{25})(x_{26}x_{27}))x_{28})x_{29})x_{30})$$

$$((x_{31}x_{32})(x_{33}x_{34})))$$

вытекает равенство

$$(A(e)B(e))B(e) =$$

$$((((((x_1x_2)(x_3x_4))x_5)x_6)x_7)$$

$$((x_8x_9)(x_{10}x_{11})))$$

$$(((((((x_{12}x_{13})(x_{14}x_{15}))x_{16})x_{17})x_{18})x_{19})$$

$$((x_{20}x_{21})(x_{22}x_{23}))).$$

Из этого равенства следует равенство

$$A(e)B(e) =$$

$$(((((x_1x_2)(x_3x_4))x_5)x_6)x_7)$$

$$((x_8x_9)(x_{10}x_{11})).$$

Отсюда получаем

$$A(e) = ((((x_1x_2)(x_3x_4))x_5)x_6)x_7.$$

Последнее равенство можно представить в виде

$$(((((ee)(ee))e)e)e)((ee)(ee)) =$$

$$((((x_1x_2)(x_3x_4))x_5)x_6)x_7.$$

Следовательно, имеет место равенство

$$((((ee)(ee))e)e)e =$$

$$(((x_1x_2)(x_3x_4))x_5)x_6.$$

Равенство

$$((((ee)(ee))e)e)e =$$

$$(((x_1x_2)(x_3x_4))x_5)x_6$$

равносильно системе равенств

$$\begin{cases} (ee)(ee) = x_1x_2, \\ e = x_3x_4, \\ e = x_5, \\ e = x_6. \end{cases}$$

Так как e - свободный образующий, равенство $e = x_3x_4$ невозможно. Следовательно, слово

$$((A(e)B(e))B(e))A(e)$$

не является одночленом многочлена $u_{i1}h_ju_{i2}$, а значит, тождество

$$3((A(x)B(x))B(x))A(x) = 0$$

не выводимо из системы тождеств

$$\Sigma^*.$$

Заметим, что остальные тождества системы Σ можно рассмотреть по той же схеме, что и тождество

$$3((A(x)B(x))B(x))A(x) = 0.$$

Теорема 2 доказана.

3 Существенно зависимые системы тождеств

Очевидно, что произвольное нетривиальное многообразие может быть задано системой тождеств, не являющейся независимой. Более того, произвольная независимая система тождеств может быть пополнена до системы, не являющейся независимой. С другой стороны, произвольная система тождеств содержит независимую. В частности, система, состоящая из одного тождества - независима.

Заметим, что из определения независимо базируемого многообразия вытекает, что если многообразие $\mathfrak{X}$ не обладает независимым базисом тождеств, то существует система тождеств Σ такая, что

1) Σ - базис многообразия $\mathfrak{X}$;

2) для любой системы тождеств Σ' если Σ' - базис многообразия $\mathfrak{X}$ и $\Sigma' \subseteq \Sigma$, то система тождеств Σ' не является независимой.

В дальнейшем системы тождеств Σ такие, что

1) Σ задает многообразие $var\{\Sigma\}$;

2) для любой системы тождеств Σ' если Σ' - базис многообразия $var\{\Sigma\}$ и $\Sigma' \subseteq \Sigma$, то система тождеств Σ' не является независимой,

будем называть существенно зависимыми.

Ясно, что всякий базис многообразия, не обладающего независимым базисом тождеств, является существенно зависимой системой. Однако, наличие существенно зависимой системы тождеств в том или ином многообразии, как правило, не указывает на отсутствие в этом многообразии независимого базиса тождеств. В частности, справедлива следующая

Теорема 3 . *Пусть $\mathfrak{X}$ - произвольное бесконечно базируемое многообразие колец [моноидов, групп]. Тогда $\mathfrak{X}$ может быть задано существенно зависимой системой тождеств.*

Доказательство теоремы 3. Случай многообразия, не обладающего независимым базисом, очевиден. Поэтому в дальнейшем мы будем полагать, что $\mathfrak{X}$ - независимо базируемое многообразие.

Рассмотрим сначала случай колец. Пусть система тождеств

$$\{f_i(\vec{x}) = 0 \mid i \in \mathbb{N}\}$$

является независимой системой, задающей многообразие $\mathfrak{X}$. Обозначим через

$$X \rightleftharpoons \{x_1, x_2, \ldots, x_n, \ldots\}$$

фиксированный алфавит счетной мощности. Без ограничения общности, мы можем полагать, что все тождества системы

$$\{f_i(\vec{x}) = 0 \mid i \in \mathbb{N}\}$$

записаны в алфавите X. Более того, пусть $\mathfrak{f}$ - частичная функция, определенная на множестве многочленов над алфавитом X и принимающая значения на множестве натуральных чисел, такая, что

1) если для любого $i \in \mathbb{N}$ имеет место неравенство

$$g(\vec{x}) \neq f_i(\vec{x}),$$

то значение функции $\mathfrak{f}(g(\vec{x}))$ неопределено;

2) для любого $i \in \mathbb{N}$ значение функции $\mathfrak{f}(f_i(\vec{x}))$ равно числу попарно различных переменных присутствующих в записи многочлена $f_i(\vec{x})$.

Тогда, в силу того, что для любого $i \in \mathbb{N}$ многочлен $f_i(\vec{x})$ содержит лишь конечное число переменных, определение функции $\mathfrak{f}$ корректно, и, без ограничения общности, можно полагать, что многочлен $f_i(\vec{x})$ для любого $i \in \mathbb{N}$ содержит переменные

$$x_{1+a_i}, x_{2+a_i}, \ldots, x_{\mathfrak{f}(f_i(\vec{x}))+a_i}$$

и только их, где

$$a_i = \sum_{j=1}^{i-1} \mathfrak{f}(f_j(\vec{x})).$$

Рассмотрим систему тождеств

$$\{g_i(\vec{x}) = 0 \mid i \in \mathbb{N}\},$$

где для любого $i \in \mathbb{N}$ имеет место равенство

$$g_i(\vec{x}) = \sum_{j=1}^{i} f_j(\vec{x}).$$

Покажем, что система

$$\{g_i(\vec{x}) = 0 \mid i \in \mathbb{N}\}$$

является системой тождеств, определяющей многообразие $\mathfrak{X}$. Кроме того, нам нужно показать, что эта система существенно зависима. Из определения системы тождеств

$$\{g_i(\vec{x}) = 0 \mid i \in \mathbb{N}\}$$

очевидным образом следует, что для любого $i \in \mathbb{N}$ тождество

$$g_i(\vec{x}) = 0$$

является следствием системы тождеств

$$\{f_j(\vec{x}) = 0 \mid j \in \{1, 2, \ldots, i\}\}.$$

Следовательно, система тождеств

$$\{g_i(\vec{x}) = 0 \mid i \in \mathbb{N}\}$$

выполнима в многообразии $\mathfrak{X}$. Заметим, что если в тождестве $g_i(\vec{x}) = 0$ для любого

$$j \in \{1, 2, \ldots, \sum_{l=1}^{i-1} \mathfrak{f}(f_l(\vec{x}))\}$$

положить $x_j = 0$, то тождество $g_i(\vec{x}) = 0$ примет вид $f_i(\vec{x}) = 0$. Следовательно, произвольное тождество системы

$$\{f_i(\vec{x}) = 0 \mid i \in \mathbb{N}\},$$

а значит, и многообразия $\mathfrak{X}$, выводимо из системы тождеств

$$\{g_i(\vec{x}) = 0 \mid i \in \mathbb{N}\}.$$

Таким образом, мы убедились в том, что система тождеств

$$\{g_i(\vec{x}) = 0 \mid i \in \mathbb{N}\}$$

определяет многообразие $\mathfrak{X}$. Покажем теперь, что система тождеств

$$\{g_i(\vec{x}) = 0 \mid i \in \mathbb{N}\}$$

существенно зависима. Предположим противное. Тогда существует независимая подсистема

$$\{g_i(\vec{x}) = 0 \mid i \in I \subseteq \mathbb{N}\}$$

системы

$$\{g_i(\vec{x}) = 0 \mid i \in \mathbb{N}\},$$

задающая многообразие $\mathfrak{X}$. Предположим, что мощность множества I больше 1. Тогда найдутся натуральные числа $i_1 < i_2$ такие, что тождества $g_{i_1}(\vec{x}) = 0$ и $g_{i_2}(\vec{x}) = 0$ принадлежат множеству

$$\{g_i(\vec{x}) = 0 \mid i \in I \subseteq \mathbb{N}\}.$$

Положив $x_j = 0$ в тождестве $g_{i_2}(\vec{x}) = 0$ для любого

$$j \in \{1+\sum_{l=1}^{i_1}\mathfrak{f}(f_l(\vec{x})), 2+\sum_{l=1}^{i_1}\mathfrak{f}(f_l(\vec{x})), \ldots, \sum_{l=1}^{i_2}\mathfrak{f}(f_l(\vec{x}))\},$$

из тождества $g_{i_2}(\vec{x}) = 0$ получим тождество $g_{i_1}(\vec{x}) = 0$, т.е. тождество $g_{i_1}(\vec{x}) = 0$ выводимо из тождества $g_{i_2}(\vec{x}) = 0$, что противоречит независимости системы

$$\{g_i(\vec{x}) = 0 \mid i \in I \subseteq \mathbb{N}\}.$$

Следовательно, система тождеств

$$\{g_i(\vec{x}) = 0 \mid i \in I \subseteq \mathbb{N}\}$$

одноэлементна. Так как система тождеств

$$\{g_i(\vec{x}) = 0 \mid i \in I \subseteq \mathbb{N}\}$$

является базисом многообразия $\mathfrak{X}$, то произвольное тождество системы

$$\{f_i(\vec{x}) = 0 \mid i \in \mathbb{N}\}$$

выводимо из системы

$$\{g_i(\vec{x}) = 0 \mid i \in I \subseteq \mathbb{N}\}.$$

Поскольку система тождеств

$$\{g_i(\vec{x}) = 0 \mid i \in I \subseteq \mathbb{N}\}$$

одноэлементна, существует $l \in \mathbb{N}$ такое, что система тождеств

$$\{g_i(\vec{x}) = 0 \mid i \in I \subseteq \mathbb{N}\}$$

выводима из системы

$$\{f_i(\vec{x}) = 0 \mid i \in \{1, 2, \ldots, l\}\}.$$

Таким образом, система тождеств

$$\{f_i(\vec{x}) = 0 \mid i \in \mathbb{N}\}$$

выводима из своей конечной подсистемы, что противоречит предположению о том, что система тождеств

$$\{f_i(\vec{x}) = 0 \mid i \in \mathbb{N}\}$$

независима.

Рассмотрим теперь случай групп. Пусть система

$$\{f_i(\vec{x}) = 1 \mid i \in \mathbb{N}\}$$

является независимой системой тождеств, задающей многообразие $\mathfrak{X}$. Без ограничения общности, мы можем полагать, что все тождества системы

$$\{f_i(\vec{x}) = 1 \mid i \in \mathbb{N}\}$$

записаны в алфавите X, причем слово $f_i(\vec{x})$ для любого $i \in \mathbb{N}$ содержит переменные

$$x_{1+a_i}, x_{2+a_i}, \ldots, x_{\mathfrak{f}(f_i(\vec{x}))+a_i}$$

и только их, где

$$a_i = \sum_{j=1}^{i-1} \mathfrak{f}(f_j(\vec{x})).$$

Рассмотрим систему тождеств

$$\{g_i(\vec{x}) = 1 \mid i \in \mathbb{N}\},$$

где для любого $i \in \mathbb{N}$ имеет место равенство

$$g_i(\vec{x}) = \prod_{j=1}^{i} f_j(\vec{x}).$$

Покажем, что система

$$\{g_i(\vec{x}) = 1 \mid i \in \mathbb{N}\}$$

является системой тождеств, определяющей многообразие $\mathfrak{X}$. Кроме того, нам нужно показать, что эта система существенно зависима. Из определения системы тождеств

$$\{g_i(\vec{x}) = 1 \mid i \in \mathbb{N}\}$$

очевидным образом следует, что для любого $i \in \mathbb{N}$ тождество $g_i(\vec{x}) = 1$ является следствием системы тождеств

$$\{f_j(\vec{x}) = 1 \mid j \in \{1, 2, \ldots, i\}\}.$$

Следовательно, система тождеств

$$\{g_i(\vec{x}) = 1 \mid i \in \mathbb{N}\}$$

выполнима в многообразии $\mathfrak{X}$. Заметим, что если в тождестве $g_i(\vec{x}) = 1$ для любого

$$j \in \{1, 2, \ldots, \sum_{l=1}^{i-1} \mathfrak{f}(f_l(\vec{x}))\}$$

положить $x_j = 1$, то тождество $g_i(\vec{x}) = 1$ примет вид $f_i(\vec{x}) = 1$. Следовательно, произвольное тождество системы

$$\{f_i(\vec{x}) = 1 \mid i \in \mathbb{N}\},$$

а значит, и многообразия $\mathfrak{X}$, выводимо из системы тождеств

$$\{g_i(\vec{x}) = 1 \mid i \in \mathbb{N}\}.$$

Таким образом, мы убедились в том, что система тождеств

$$\{g_i(\vec{x}) = 1 \mid i \in \mathbb{N}\}$$

определяет многообразие $\mathfrak{X}$. Покажем теперь, что система тождеств

$$\{g_i(\vec{x}) = 1 \mid i \in \mathbb{N}\}$$

существенно зависима. Предположим противное. Тогда существует независимая подсистема

$$\{g_i(\vec{x}) = 1 \mid i \in I \subseteq \mathbb{N}\}$$

системы

$$\{g_i(\vec{x}) = 1 \mid i \in \mathbb{N}\},$$

задающая многообразие $\mathfrak{X}$. Предположим, что мощность множества I больше 1. Тогда найдутся натуральные числа $i_1 < i_2$ такие, что тождества $g_{i_1}(\vec{x}) = 1$ и $g_{i_2}(\vec{x}) = 1$ принадлежат множеству

$$\{g_i(\vec{x}) = 1 \mid i \in I \subseteq \mathbb{N}\}.$$

Положив $x_j = 1$ в тождестве $g_{i_2}(\vec{x}) = 1$ для любого

$$j \in \{1 + \sum_{l=1}^{i_1} \mathfrak{f}(f_l(\vec{x})), 2 + \sum_{l=1}^{i_1} \mathfrak{f}(f_l(\vec{x})), \ldots, \sum_{l=1}^{i_2} \mathfrak{f}(f_l(\vec{x}))\},$$

из тождества $g_{i_2}(\vec{x}) = 1$ получим тождество $g_{i_1}(\vec{x}) = 1$, т.е. тождество $g_{i_1}(\vec{x}) = 1$ выводимо из тождества $g_{i_2}(\vec{x}) = 1$, что противоречит независимости системы

$$\{g_i(\vec{x}) = 1 \mid i \in I \subseteq \mathbb{N}\}.$$

Следовательно, система тождеств

$$\{g_i(\vec{x}) = 1 \mid i \in I \subseteq \mathbb{N}\}$$

одноэлементна. Так как система тождеств

$$\{g_i(\vec{x}) = 1 \mid i \in I \subseteq \mathbb{N}\}$$

является базисом многообразия $\mathfrak{X}$, то произвольное тождество системы

$$\{f_i(\vec{x}) = 1 \mid i \in \mathbb{N}\}$$

выводимо из системы

$$\{g_i(\vec{x}) = 1 \mid i \in I \subseteq \mathbb{N}\}.$$

Поскольку система тождеств

$$\{g_i(\vec{x}) = 1 \mid i \in I \subseteq \mathbb{N}\}$$

одноэлементна, существует $l \in \mathbb{N}$ такое, что система тождеств

$$\{g_i(\vec{x}) = 1 \mid i \in I \subseteq \mathbb{N}\}$$

выводима из системы

$$\{f_i(\vec{x}) = 1 \mid i \in \{1, 2, \ldots, l\}\}.$$

Таким образом, система тождеств

$$\{f_i(\vec{x}) = 1 \mid i \in \mathbb{N}\}$$

выводима из своей конечной подсистемы, что противоречит предположению о том, что система тождеств

$$\{f_i(\vec{x}) = 1 \mid i \in \mathbb{N}\}$$

независима.

Рассмотрим, наконец, случай моноидов. Пусть система

$$\{f_i(\vec{x}) = f'_i(\vec{x}) \mid i \in \mathbb{N}\}$$

является независимой системой тождеств, задающей многообразие $\mathfrak{X}$. Без ограничения общности, мы можем полагать, что все тождества системы

$$\{f_i(\vec{x}) = f'_i(\vec{x}) \mid i \in \mathbb{N}\}$$

записаны в алфавите X, причем слова $f_i(\vec{x})$ и $f'_i(\vec{x})$ для любого $i \in \mathbb{N}$ содержит лишь переменные из множества

$$\{x_{1+a_i}, x_{2+a_i}, \dots, x_{\max\{\mathfrak{f}(f_i(\vec{x})),\mathfrak{f}(f'_i(\vec{x}))\}+a_i},$$

где

$$a_i = \sum_{j=1}^{i-1} \max\{\mathfrak{f}(f_j(\vec{x})), \mathfrak{f}(f'_j(\vec{x}))\}.$$

Рассмотрим систему тождеств

$$\{g_i(\vec{x}) = g'_i(\vec{x}) \mid i \in \mathbb{N}\},$$

где для любого $i \in \mathbb{N}$ имеет место равенство

$$g_i(\vec{x}) = \prod_{j=1}^{i} f_j(\vec{x}),$$

$$g'_i(\vec{x}) = \prod_{j=1}^{i} f'_j(\vec{x}).$$

Покажем, что система

$$\{g_i(\vec{x}) = g'_i(\vec{x}) \mid i \in \mathbb{N}\}$$

является системой тождеств, определяющей многообразие $\mathfrak{X}$. Кроме того, нам нужно показать, что эта система существенно зависима. чИз определения системы тождеств

$$\{g_i(\vec{x}) = g'_i(\vec{x}) \mid i \in \mathbb{N}\}$$

очевидным образом следует, что для любого $i \in \mathbb{N}$ тождество $g_i(\vec{x}) = g'_i(\vec{x})$ является следствием системы тождеств

$$\{f_j(\vec{x}) = f'_j(\vec{x}) \mid j \in \{1, 2, \dots, i\}\}.$$

Следовательно, система тождеств

$$\{g_i(\vec{x}) = g'_i(\vec{x}) \mid i \in \mathbb{N}\}$$

выполнима в многообразии $\mathfrak{X}$. Заметим, что если в тождестве $g_i(\vec{x}) = g'_i(\vec{x})$ для любого

$$j \in \{1, 2, \ldots, \sum_{l=1}^{i-1} \max\{\mathfrak{f}(f_l(\vec{x})), \mathfrak{f}(f'_l(\vec{x}))\}\}$$

положить $x_j = 1$, то тождество

$$g_i(\vec{x}) = g'_i(\vec{x})$$

примет вид

$$f_i(\vec{x}) = f'_i(\vec{x}).$$

Следовательно, произвольное тождество системы

$$\{f_i(\vec{x}) = f'_i(\vec{x}) \mid i \in \mathbb{N}\},$$

а значит, и многообразия $\mathfrak{X}$, выводимо из системы тождеств

$$\{g_i(\vec{x}) = g'_i(\vec{x}) \mid i \in \mathbb{N}\}.$$

Таким образом, мы убедились в том, что система тождеств

$$\{g_i(\vec{x}) = g'_i(\vec{x}) \mid i \in \mathbb{N}\}$$

определяет многообразие $\mathfrak{X}$. Покажем теперь, что система тождеств

$$\{g_i(\vec{x}) = g'_i(\vec{x}) \mid i \in \mathbb{N}\}$$

существенно зависима. Предположим противное. Тогда существует независимая подсистема

$$\{g_i(\vec{x}) = g'_i(\vec{x}) \mid i \in I \subseteq \mathbb{N}\}$$

системы

$$\{g_i(\vec{x}) = g'_i(\vec{x}) \mid i \in \mathbb{N}\},$$

задающая многообразие $\mathfrak{X}$. Предположим, что мощность множества I больше 1. Тогда найдутся натуральные числа $i_1 < i_2$ такие, что тождества

$$g_{i_1}(\vec{x}) = g'_{i_1}(\vec{x})$$

и

$$g_{i_2}(\vec{x}) = g'_{i_2}(\vec{x})$$

принадлежат множеству

$$\{g_i(\vec{x}) = g'_i(\vec{x}) \mid i \in I \subseteq \mathbb{N}\}.$$

Положив $x_j = 1$ в тождестве

$$g_{i_2}(\vec{x}) = g'_{i_2}(\vec{x})$$

для любого

$$j \in \{1 + \sum_{l=1}^{i_1} \max\{\mathfrak{f}(f_l(\vec{x})), \mathfrak{f}(f'_l(\vec{x}))\},$$

$$2 + \sum_{l=1}^{i_1} \max\{\mathfrak{f}(f_l(\vec{x})), \mathfrak{f}(f'_l(\vec{x}))\},$$

$$\ldots$$

$$\sum_{l=1}^{i_2} \max\{\mathfrak{f}(f_l(\vec{x})), \mathfrak{f}(f'_l(\vec{x}))\}\},$$

из тождества $g_{i_2}(\vec{x}) = g'_{i_2}(\vec{x})$ получим тождество $g_{i_1}(\vec{x}) = g'_{i_1}(\vec{x})$, т.е. тождество $g_{i_1}(\vec{x}) = g'_{i_1}(\vec{x})$ выводимо из тождества $g_{i_2}(\vec{x}) = g'_{i_2}(\vec{x})$, что противоречит независимости системы

$$\{g_i(\vec{x}) = g'_i(\vec{x}) \mid i \in I \subseteq \mathbb{N}\}.$$

Следовательно, система тождеств

$$\{g_i(\vec{x}) = g'_i(\vec{x}) \mid i \in I \subseteq \mathbb{N}\}$$

одноэлементна. Так как система тождеств

$$\{g_i(\vec{x}) = g'_i(\vec{x}) \mid i \in I \subseteq \mathbb{N}\}$$

является базисом многообразия $\mathfrak{X}$, то произвольное тождество системы

$$\{f_i(\vec{x}) = f'_i(\vec{x}) \mid i \in \mathbb{N}\}$$

выводимо из системы

$$\{g_i(\vec{x}) = g'_i(\vec{x}) \mid i \in I \subseteq \mathbb{N}\}.$$

Поскольку система тождеств

$$\{g_i(\vec{x}) = g'_i(\vec{x}) \mid i \in I \subseteq \mathbb{N}\}$$

одноэлементна, существует $l \in \mathbb{N}$ такое, что система тождеств

$$\{g_i(\vec{x}) = g'_i(\vec{x}) \mid i \in I \subseteq \mathbb{N}\}$$

выводима из системы

$$\{f_i(\vec{x}) = f'_i(\vec{x}) \mid i \in \{1, 2, \ldots, l\}\}.$$

Таким образом, система тождеств

$$\{f_i(\vec{x}) = f'_i(\vec{x}) \mid i \in \mathbb{N}\}$$

выводима из своей конечной подсистемы, что противоречит предположению о том, что система тождеств

$$\{f_i(\vec{x}) = f'_i(\vec{x}) \mid i \in \mathbb{N}\}$$

независима. **Теорема 3 доказана.**

Заметим, что аналог теоремы 3 не имеет места в случае полугрупп. В частности, имеет место следующая

Теорема 4 . *Пусть $\mathfrak{X}$ - произвольное независимо базируемое многообразие полугрупп, заданное тождествами, зависящими от конечного числа переменных, все периодические группы которого локально конечны. Тогда выполняется одно из следующих двух условий:*

1. все нильполугруппы из многообразия $\mathfrak{X}$ локально конечны.

2. многообразие $\mathfrak{X}$ включает бесконечно базируемое подмногообразие $\mathfrak{Y}$ такое, что $\mathfrak{Y}$ не может быть задано существенно зависимой системой тождеств.

Доказательство теоремы 4. Пусть множество

$$\mathcal{X} \rightleftharpoons \{u_i(\vec{x}) = v_i(\vec{x}) \mid i \in \mathbb{N}\}$$

является множеством всевозможных нетривиальных тождеств, которым удовлетворяет многообразие $\mathfrak{X}$. Обозначим через U множество всевозможных слов в алфавите X таких, что $u(\vec{x}) \in U$ тогда и только тогда, когда найдется $v(\vec{x})$ такое, что $u(\vec{x}) = v(\vec{x}) \in \mathcal{X}$. Пусть V - максимальное подмножество множества U такое, что $u(\vec{x}) \in U$ тогда и только тогда, когда найдется $v(\vec{x})$ такое, что $u(\vec{x}) = v(\vec{x})$ - тождество из базиса многообразия $\mathfrak{X}$. Заметим, что если тождество $u(\vec{x}) = v(\vec{x})$ принадлежит множеству $\mathcal{X}$, то по определению множества $\mathcal{X}$ тождество $v(\vec{x}) = u(\vec{x})$ также принадлежит множеству $\mathcal{X}$. Кроме того, если тождество $u(\vec{x}) = v(\vec{x})$ принадлежит множеству $\mathcal{X}$ и слово $u(\vec{x})$ - подслово слова $w(\vec{x})$, то для некоторого слова $w'(\vec{x})$ по определению множества $\mathcal{X}$ тождество $w(\vec{x}) = w'(\vec{x})$ также принадлежит множеству $\mathcal{X}$. Обозначим через F свободную полугруппу счетного ранга, порожденную множеством свободных образующих

$$\{e_1, e_2, \ldots, e_n, \ldots\}.$$

Будем говорить, что слово $u(\vec{x})$ не превосходит слова $v(\vec{x})$ и писать

$$u(\vec{x}) \leq v(\vec{x}),$$

если найдется такой набор элементов

$$s_1, s_2, \ldots$$

полугруппы F, что слово $u(\vec{s})$ - подслово слова $v(\vec{e})$, где $u(\vec{s})$ - слово, полученное из слова $u(\vec{x})$ подстановкой

$$x_1 \to s_1, x_2 \to s_2, \ldots,$$

а $v(\vec{e})$ - слово, полученное из слова $v(\vec{x})$ подстановкой

$$x_1 \to e_1, x_2 \to e_2, \ldots.$$

Несложная проверка позволяет убедиться в том, что отношение $\leq$ рефлексивно, антисимметрично и транзитивно на множествах U и V. Следовательно, отношение $\leq$ является отношеним порядка. Если имеют место соотношения $u(\vec{x}) \leq v(\vec{x})$ и $v(\vec{x}) \leq u(\vec{x})$, то мы будем говорить, что слова $u(\vec{x})$ и $v(\vec{x})$ эквивалентны и писать $u(\vec{x}) \backsim v(\vec{x})$. Если слова $u(\vec{x})$ и $v(\vec{x})$ равны как элементы свободной полугруппы, свободно порожденной множеством X, то мы будем говорить, что имеет место графическое равенство слов $u(\vec{x})$ и $v(\vec{x})$ и писать $u(\vec{x}) = v(\vec{x})$. Несложная проверка позволяет убедиться в том, что соотношение $u(\vec{x}) \backsim v(\vec{x})$ имеет место тогда и только тогда, когда найдутся

$$x_{i_1}, x_{i_2}, \ldots, x_{i_n} \in X$$

такие, что отображение

$$x_1 \to x_{i_1}, x_2 \to x_{i_2}, \ldots, x_n \to x_{i_n}$$

переводит слово $u(\vec{x})$ в слово $w(\vec{x})$ такое, что $w(\vec{x}) = v(\vec{x})$. Если для слов $u(\vec{x})$ и $v(\vec{x})$ справедливо соотношение $u(\vec{x}) \leq v(\vec{x})$ и не выполняется соотношение $u(\vec{x}) \backsim v(\vec{x})$, то мы будем говорить, что слово $u(\vec{x})$ меньше слова $v(\vec{x})$ и писать

$$u(\vec{x}) \prec v(\vec{x}).$$

Заметим, что отношение $\prec$ также как и отношение $\leq$ рефлексивно, антисимметрично и транзитивно на множествах U и V. Следовательно, отношение $\prec$ - отношение порядка.

Очевидно, что если имеет место соотношение

$$u(\vec{x}) \prec v(\vec{x}),$$

то длина слова $u(\vec{x})$ строго меньше длины слова $v(\vec{x})$. Отсюда вытекает, что для любого базиса многообразия $\mathfrak{X}$ множество V содержит по крайней мере один минимальный элемент относительно отношения порядка $\prec$. Зафиксируем некоторый базис многообразия $\mathfrak{X}$ и обозначим этот элемент через $m(\vec{x})$. Пусть n - число различных букв из алфавита X, входящих в запись слова $m(\vec{x})$. Без ограничения общности можно считать, что в слово $m(\vec{x})$ входят буквы

$$x_1, x_2, \ldots, x_n$$

и только они, и, следовательно, вместо $m(\vec{x})$ можно писать

$$m(x_1, x_2, \ldots, x_n).$$

Рассмотрим множество всевозможных элементов множества $\mathcal{X}$, имеющих вид

$$m(x_1, x_2, \ldots, x_n) = v_i(\vec{x})$$

и входящих в базис многообразия $\mathfrak{X}$. Без ограничения общности, можно полагать, что это множество имеет следующий вид

$$\{m(x_1, x_2, \ldots, x_n) = v_1(\vec{x}),$$

$$m(x_1, x_2, \ldots, x_n) = v_2(\vec{x}), \ldots,$$

$$m(x_1, x_2, \ldots, x_n) = v_r(\vec{x}), \ldots \}.$$

Заметим, что в каждом из базисных тождеств многообразия $\mathfrak{X}$ мы можем переобозначить переменные таким образом, что если $u_i(\vec{x}) = v_i(\vec{x})$ - базисное тождество и

$$u_i(\vec{x}) \backsim m(x_1, x_2, \ldots, x_n)$$

или

$$v_i(\vec{x}) \backsim m(x_1, x_2, \ldots, x_n),$$

то

$$u_i(\vec{x}) \neq m(x_1, x_2, \ldots, x_n),$$

соответственно,

$$v_i(\vec{x}) \neq m(x_1, x_2, \ldots, x_n).$$

Кроме того, заметим, что если в базисе многообразия $\mathfrak{X}$ заменить множество тождеств

$$\{m(x_1, x_2, \ldots, x_n) = v_1(\vec{x}),$$

$$m(x_1, x_2, \ldots, x_n) = v_2(\vec{x}), \ldots,$$

$$m(x_1, x_2, \ldots, x_n) = v_r(\vec{x}), \ldots \}$$

на множество

$$\{m(x_1, x_2, \ldots, x_n) = v_1(\vec{x}),$$

$$v_1(\vec{x}) = v_2(\vec{x}), \ldots,$$

$$v_1(\vec{x}) = v_r(\vec{x}), \dots \},$$

то снова получим базис тождеств многообразия $\mathfrak{X}$.

Пусть $\mathfrak{X}$ - произвольное многообразие полугрупп, заданное тождествами, зависящими от конечного числа переменных. Без ограничения общности можно считать, что многообразие $\mathfrak{X}$ задано тождествами в алфавите X. В дальнейшем, если не оговорено противное, базис многообразия $\mathfrak{X}$ будем считать фиксированным и обозначать $\mathbb{V}$. Пусть, как и выше, $\mathcal{X}$ - множество всевозможных нетривиальных тождеств, которым удовлетворяет многообразие $\mathfrak{X}$. Рассмотрим следующую последовательность слов, введенную в [196],

$$Z_1 \rightleftharpoons x_1,$$

$$Z_{n+1} \rightleftharpoons Z_n x_{n+1} Z_n$$

для любого натурального числа n. Допустим, что для некоторых натуральных чисел i и j тождество $u_i(\vec{x}) = v_i(\vec{x})$ имеет вид $Z_j = v_i(\vec{x})$. Обозначим через r число переменных, входящих в тождества, задающие многообразие $\mathfrak{X}$. Пусть m - максимум из чисел $r+1$ и j. Если $m = j$, то согласно [191] (см. также работу [192] и обзор [197], теорема 3.7) все нильполугруппы из многообразия $\mathfrak{X}$ локально конечны. Если $m > j$, то рассмотрим вместо тождества $Z_j = v_i(\vec{x})$ тождество

$$Z_j x_{j+1} Z_j = v_i(\vec{x}) x_{j+1} v_i(\vec{x}),$$

полагая, что буква x_{j+1} не содержится в слове $v_i(\vec{x})$. Поскольку по определению слова Z_{j+1} имеет место равенство

$$Z_{j+1} = Z_j x_{j+1} Z_j,$$

то, действуя таким образом, мы через $m - j$ шагов убедимся в том, что многообразие $\mathfrak{X}$ удовлетворяет тождеству $Z_m = w(\vec{x})$ для некоторого слова $w(\vec{x})$, и, следовательно, согласно [191] все нильполугруппы из многообразия $\mathfrak{X}$ локально конечны. Таким образом, в дальнейшем мы можем полагать, что для любых натуральных чисел i и j тождество $u_i(\vec{x}) = v_i(\vec{x})$ не имеет вид $Z_j = v_i(\vec{x})$.

Как нетрудно убедиться, из предположения о том, что для любых натуральных чисел i и j тождество $u_i(\vec{x}) = v_i(\vec{x})$ из множества $\mathcal{X}$ не имеет вид $Z_j = v_i(\vec{x})$, вытекает, что для любого слова $u(\vec{x})$ из множества U, а значит и из множества V, $u(\vec{x})$ не является подсловом слова Z_j ни для какого натурального числа j. Отсюда, в силу результатов [194], [181], вытекает, что множества U и V - множества избегаемых слов [194].

В дальнейшем при доказательстве теоремы 4 мы используем некоторую модификацию рассуждений из доказательства предложения 4 из работы [191].

Следуя [199], слово w будем называть изотермом для тождества $u = v$, если для любой подстановки φ из того, что $\varphi(u)$ является подсловом в слове w, следует, $\varphi(u)$=$\varphi(v)$. Для произвольного натурального числа r рассмотрим подстановку γ_r, определенную следующим образом. Пусть A - алфавит, состоящий из r^2 букв a_{ij}, где $1 \leq i \leq r$, $1 \leq j \leq r$. Рассмотрим $r^2 \times r$ матрицу M, в которой каждая нечетная колонка равна

$$(1, 1, \ldots, 1,$$

$$2, 2, \ldots, 2, \ldots,$$

$$r, r, \ldots, r),$$

а каждая четная колонка равна

$$(1, 2, \ldots, r,$$

$$1, 2, \ldots, r, \ldots,$$

$$1, 2, \ldots, r).$$

Заменим каждое число i в j-ой колонке матрицы M буквой a_{ij}. Полученную матрицу обозначим через M'. Строки матрицы M' можно рассматривать как слова. Обозначим эти слова через

$$w_1, \ldots, w_{r^2},$$

где w_l - слово соответствующее l-ой строке матрицы M'. Теперь определим подстановку γ_r по следующему правилу: $\gamma_r(a_{ij}) = w_{(r-1)j+i}$.

Пусть $\mathfrak{X}$ - произвольное многообразие полугрупп, заданное системой тождеств $\mathbb{V}$. Причем тождества системы $\mathbb{V}$ зависят лишь от конечного числа переменных n и слово Z_n является изотермом для системы тождеств $\mathbb{V}$, т.е. является изотермом для каждого тождества из системы $\mathbb{V}$. Возьмем любое $r > 6n$ и положим $r_1 = r$, $r_{m+1} = 6r_m + 1$ для любого $m \geq 1$. Для каждого $m \geq 1$ обозначим слово ${\gamma_{r_m}}^{r_m}(a_{11})$ через w_m. Для любого непустого подмножества $\mathbb{M}$ множества натуральных чисел $\mathbb{N}$ обозначим через $\mathfrak{X}_{\mathbb{M}}$ подмногообразие многообразия $\mathfrak{X}$, заданное системой тождеств

$$\mathbb{V}_{\mathbb{M}} \rightleftharpoons \mathbb{V} \cup \{w_n = {w_n}^2 \mid n \in \mathbb{M}\}.$$

Согласно [191] для любого натурального n слово w_n - изотерм для системы тождеств $\mathbb{V}$, для любого целого числа k такого, что $k \neq 0$, $k + n \geq 1$, слово w_{k+n} является изотермом для тождества $w_n = {w_n}^2$, ни одно тождество $w_n = {w_n}^2$ не вытекает из остальных тождеств системы $\mathbb{V}_{\mathbb{M}}$.

Для завершения доказательства теоремы 4 нам осталось заметить, что для любого $n \in \mathbb{M}$ слово w_n - минимальный элемент в множестве $\langle V_{\mathbb{M}}, \prec \rangle$, где

$$V_{\mathbb{M}} \rightleftharpoons \{u(\vec{x}), v(\vec{x}) \mid u(\vec{x}) = v(\vec{x}) \in \mathbb{V}_{\mathbb{M}}\}.$$

Как несложно убедиться, отсюда вытекает, что для любого $n \in M$ и произвольного базиса многообразия, заданного системой тождеств

$\mathbb{V}_{\mathbb{M}}$, тождество $w_n = {w_n}^2$ является элементом этого базиса, а значит, многообразие, заданное системой тождеств

$$\{w_n = {w_n}^2 \mid n \in \mathbb{M}\},$$

не может быть определено существенно зависимой системой тождеств в многообразии, заданном системой тождеств $\mathbb{V}$. **Теорема 4 доказана.**

Тождество $u(\vec{x}) = v(\vec{x})$ называется гомотипным, если множества букв, встречающихся в словах $u(\vec{x})$ и $v(\vec{x})$, совпадают. Тождество, не являющееся гомотипным, называется гетеротипным [193]. Теорема 4 показывает, что многообразия полугрупп, не имеющие независимого базиса и не задаваемые существенно зависимой системой тождеств - достаточно распространенное явление. В случае, когда многообразие полугрупп задано гомотипными тождествами, можно сказать даже несколько больше: если гомотипное многообразие полугрупп независимо базируемо и может быть задано существенно зависимой системой тождеств, то можно указать сколь угодно близкий к существенно зависимой системе тождеств независимый базис этого многообразия. Более точно

Теорема 5 . *Пусть $\mathfrak{X}$ - произвольное многообразие полугрупп, обладающее независимым базисом тождеств и заданное гомотипными тождествами. Если существует существенно зависимая система Σ, определяющая многообразие $\mathfrak{X}$, то можно указать множество систем тождеств $\{\Omega_i \mid i \in \mathbb{N}\}$ такое, что для любого i система тождеств Ω_i*

1. независима,

2. является базисом многообразия $\mathfrak{X}$,

3. для любого тождества $u(\vec{x}) = v(\vec{x})$ из системы тождеств Ω_i если длина слова $u(\vec{x})$ не превосходит i или если длина слова $v(\vec{x})$ не превосходит i, то тождество $u(\vec{x}) = v(\vec{x})$ принадлежит множеству Σ и для любого $j > i$ тождество $u(\vec{x}) = v(\vec{x})$ принадлежит множеству Ω_j.

Доказательство теоремы 5. Пусть существует независимая система тождеств Θ, являющаяся базисом многообразия $\mathfrak{X}$.

Обозначим через F свободную полугруппу счетного ранга с множеством свободных образующих X. Пусть $\mathfrak{l}$ - функция, определенная на множестве F, принимающая значения на множестве натуральных чисел $\mathbb{N}$, такая, что для любого слова $u \in F$ значение функции $\mathfrak{l}(u)$ равно длине слова u. Без ограничения общности, можно считать, что все тождества систем Σ и Θ записаны в алфавите X. Кроме того, можно полагать, что для произвольного тождества $u(\vec{x}) = v(\vec{x})$ систем Σ и Θ выполняются следующие условия:

1) если буква x_i встречается в записи тождества $u(\vec{x}) = v(\vec{x})$, то для любого $j \in \mathbb{N}$ если $j < i$, то x_j встречается в записи тождества $u(\vec{x}) = v(\vec{x})$;

2) $\mathfrak{l}(u) \leq \mathfrak{l}(v)$;

3) существует $i \in \mathbb{N}$ такое, что для любого $j \in \mathbb{N}$ если $j < i$, то x_j встречается в записи слова $u(\vec{x})$ и для любого $j \in \mathbb{N}$ если $j \geq i$, то x_j не встречается в записи слова $u(\vec{x})$;

4) пусть

$$u(\vec{x}) = x_{i_1} x_{i_2} \ldots x_{i_p},$$

тогда для любых

$$s, t \in \{1, 2, \ldots, p\}$$

если $s < t$ и $i_s > i_t$, то существует $k \in \mathbb{N}$ такое, что $k < s$ и $i_k = i_t$.

Зафиксируем некоторое тождество

$$u_0(\vec{x}) = v_0(\vec{x}) \in \Sigma.$$

Пусть $m = \mathfrak{l}(v_0)$. Представим множество Θ в виде объединения двех непересекающихся подмножеств $\Theta' \cup \Theta''$, где Θ' - множество тождеств $u(\vec{x}) = v(\vec{x}) \in \Theta$ таких, что $\mathfrak{l}(v) \leq m$, а Θ'' - множество тождеств $u(\vec{x}) = v(\vec{x}) \in \Theta$ таких, что $\mathfrak{l}(v) > m$. Из определения множества Θ', а также из условий 1) и 2), наложенных на систему тождеств Θ, очевидным образом вытекает, что система тождеств Θ' конечна. Используя условия 3) и 4), наложенные на систему тождеств Θ, несложно убедиться в том, что существует лишь конечное число попарно различных слов u таких, что $\mathfrak{l}(u) \leq m$ и $u(\vec{x}) = v(\vec{x}) \in \Theta''$. Обозначим через U множество слов u таких, что $\mathfrak{l}(u) \leq m$ и $u(\vec{x}) = v(\vec{x}) \in \Theta''$. Множество Θ'' можно представить в виде конечного объединения попарно непересекающихся подмножеств $(\cup_{u\in U}\Theta''_u)\cup\Theta'''$, где Θ''_u - множество всевозможных тождеств из множества Θ'' таких, что из левые части равны $u(\vec{x})$, Θ''' - множество всевозможных тождеств из множества Θ'' таких, что $\mathfrak{l}(u(\vec{x})) > m$. Для произвольного $u \in U$ зафиксируем некоторое тождество $u(\vec{x}) = v_u(\vec{x}) \in \Theta''_u$. Пусть Δ_u - множество тождеств

$$\{v_u(\vec{x}) = v_1(\vec{x}) \mid u(\vec{x}) = v_1(\vec{x}) \in \Theta''_u, v_u(\vec{x}) \neq v_1(\vec{x})\},$$

$$\Delta = \{u(\vec{x}) = v_u(\vec{x}) \mid u \in U\}.$$

Несложно убедиться в том, что из независимости системы тождеств Θ следует независимость системы тождеств $\Theta' \cup (\cup_{u\in U}\Delta_u) \cup \Delta \cup \Theta'''$. Очевидно, что все тождества из множества $\cup_{u\in U}\Delta_u$ можно переписать таким образом, чтобы система тождеств $\Theta'\cup(\cup_{u\in U}\Delta_u)\cup\Delta\cup\Theta'''$ снова удовлетворяла условиям 1) - 4), наложенным на систему тождеств Θ. Таким образом, мы получили независимую систему тождеств, являющуюся базисом многообразия $\mathfrak{X}$, удовлетворяющую условиям 1) - 4) и, кроме того, содержащую лишь конечное число тождеств $u(\vec{x}) = v(\vec{x})$ таких, что $\mathfrak{l}(u) \leq m$. Обозначим эту систему тождеств через Ξ.

Пусть $u(\vec{x}) = v(\vec{x})$ - произвольное тождество из системы Ξ. Поскольку Σ - базис многообразия $\mathfrak{X}$, для некоторого натурального числа p существует конечная система тождеств

$$w_{11}(\vec{x}) = w_{12}(\vec{x}), w_{21}(\vec{x}) = w_{22}(\vec{x}), \ldots, w_{p1}(\vec{x}) = w_{p2}(\vec{x})$$

такая, что для любого

$$i \in \{1, 2, \ldots, p\}$$

тождество $w_{i1}(\vec{x}) = w_{i2}(\vec{x})$ принадлежит множеству Σ и тождество $u(\vec{x}) = v(\vec{x})$ выводимо из системы тождеств

$$w_{11}(\vec{x}) = w_{12}(\vec{x}), w_{21}(\vec{x}) = w_{22}(\vec{x}), \ldots, w_{p1}(\vec{x}) = w_{p2}(\vec{x}).$$

В свою очередь, поскольку Ξ - базис многообразия $\mathfrak{X}$ для любого

$$i \in \{1, 2, \ldots, p\}$$

множество Ξ содержит подмножество Ξ_i такое, что тождество $w_{i1}(\vec{x}) = w_{i2}(\vec{x})$ выводимо из системы тождеств Ξ_i. Предположим, что множество

$$\cup_{i \in \{1,2,\ldots,p\}} \Xi_i$$

не содержит тождества $u(\vec{x}) = v(\vec{x})$. Тогда тождество $u(\vec{x}) = v(\vec{x})$ выводимо из системы тождеств

$$\cup_{i \in \{1,2,\ldots,p\}} \Xi_i,$$

что противоречит независимости системы тождеств Ξ. Следовательно, тождество $u(\vec{x}) = v(\vec{x})$ является элементом множества

$$\cup_{i \in \{1,2,\ldots,p\}} \Xi_i.$$

Так как тождество $u(\vec{x}) = v(\vec{x})$ является элементом множества

$$\cup_{i \in \{1,2,\ldots,p\}} \Xi_i,$$

то существует

$$i \in \{1, 2, \ldots, p\}$$

такое, что $u(\vec{x}) = v(\vec{x}) \in \Xi_i$. Следовательно, тождество $u(\vec{x}) = v(\vec{x})$ используется при выводе тождества $w_{i1}(\vec{x}) = w_{i2}(\vec{x})$. Так как тождество $w_{i1}(\vec{x}) = w_{i2}(\vec{x})$ выводимо из системы тождеств Ξ_i, то для некоторого натурального числа k_i существует цепочка равенств

$$w_{i1}(\vec{x}) = {s_1}^i(\vec{x}) = {s_2}^i(\vec{x}) = \cdots =$$

$${s_{k_i}}^i(\vec{x}) = w_{i2}(\vec{x})$$

такая, что каждый переход в этой цепочке равенств получен непосредственным приминением одного из тождеств системы Ξ_i. Предположим, что тождество $u(\vec{x}) = v(\vec{x})$ не используется при построении цепочки равенств

$$w_{i1}(\vec{x}) = {s_1}^i(\vec{x}) = {s_2}^i(\vec{x}) = \cdots =$$

$${s_{k_i}}^i(\vec{x}) = w_{i2}(\vec{x}).$$

Тогда тождество $w_{i1}(\vec{x}) = w_{i2}(\vec{x})$ выводимо не только из системы тождеств Ξ_i, но и из системы тождеств

$$\Xi_i \backslash \{u(\vec{x}) = v(\vec{x})\}.$$

Следовательно, множество Ξ_i в объединении

$$\cup_{i \in \{1,2,\ldots,p\}} \Xi_i$$

можно заменить на множество

$$\Xi_i \backslash \{u(\vec{x}) = v(\vec{x})\}.$$

Заметим, что, исключив таким образом тождество $u(\vec{x}) = v(\vec{x})$ из всех множеств Ξ_i, мы как и выше придем к противоречию. Следовательно, в дальнейшем можно полагать, что существует

$$i \in \{1, 2, \ldots, p\}$$

такое, что тождество $u(\vec{x}) = v(\vec{x})$ является элементом множества Ξ_i и используется при построении цепочки

$$w_{i1}(\vec{x}) = {s_1}^i(\vec{x}) = {s_2}^i(\vec{x}) = \dots =$$

$${s_{k_i}}^i(\vec{x}) = w_{i2}(\vec{x}).$$

Поскольку тождество $u(\vec{x}) = v(\vec{x})$ выводимо из системы тождеств

$$w_{11}(\vec{x}) = w_{12}(\vec{x}), w_{21}(\vec{x}) = w_{22}(\vec{x}), \dots, w_{p1}(\vec{x}) = w_{p2}(\vec{x}),$$

для некоторого натурального числа q существует цепочка равенств

$$u(\vec{x}) = t_1(\vec{x}) = t_2(\vec{x}) = \dots =$$

$$t_q(\vec{x}) = v(\vec{x})$$

такая, что каждый переход в этой цепочке равенств получен непосредственным применением одного из тождеств системы

$$w_{11}(\vec{x}) = w_{12}(\vec{x}), w_{21}(\vec{x}) = w_{22}(\vec{x}), \dots, w_{p1}(\vec{x}) = w_{p2}(\vec{x}).$$

Предположим, что переход $t_j(\vec{x}) = t_{j+1}(\vec{x})$ получен непосредственным применением тождества $w_{l1}(\vec{x}) = w_{l2}(\vec{x})$. Тогда существует подстановка φ_{jl} такая, что

$$t_j(\vec{x}) = {t_j}'(\vec{x})\varphi_{jl}(w_{l\xi_1}(\vec{x})){t_j}''(\vec{x}),$$

$$t_{j+1}(\vec{x}) = {t_{j+1}}'(\vec{x})\varphi_{jl}(w_{l\xi_2}(\vec{x})){t_{j+1}}''(\vec{x}),$$

где слова

$${t_j}'(\vec{x}), {t_j}''(\vec{x}), {t_{j+1}}'(\vec{x}), {t_{j+1}}''(\vec{x})$$

могут быть пустыми,

$$t_j{}'(\vec{x}) = t_{j+1}{}'(\vec{x}), t_j{}''(\vec{x}) = t_{j+1}{}''(\vec{x}),$$

$$\xi_1, \xi_2 \in \{1, 2\},$$

$$\xi_1 \xi_2 = 2.$$

Поэтому для любого j равенство $t_j(\vec{x}) = t_{j+1}(\vec{x})$ в цепочке

$$u(\vec{x}) = t_1(\vec{x}) = t_2(\vec{x}) = \cdots =$$

$$t_q(\vec{x}) = v(\vec{x})$$

можно заменить на цепочку равенств

$$t_j{}'(\vec{x})\varphi_{jl}(w_{l1}(\vec{x}))t_j{}''(\vec{x}) =$$

$$t_j{}'(\vec{x})\varphi_{jl}(s_1{}^l(\vec{x}))t_j{}''(\vec{x}) =$$

$$t_j{}'(\vec{x})\varphi_{jl}(s_2{}^l(\vec{x}))t_j{}''(\vec{x}) = \cdots =$$

$$t_j{}'(\vec{x})\varphi_{jl}(s_{k_l}{}^l(\vec{x}))t_j{}''(\vec{x}) =$$

$$t_j{}'(\vec{x})\varphi_{jl}(w_{l2}(\vec{x}))t_j{}''(\vec{x}).$$

Действуя таким образом для произвольного j из исходной цепочки равенств

$$u(\vec{x}) = t_1(\vec{x}) = t_2(\vec{x}) = \cdots =$$

$$t_q(\vec{x}) = v(\vec{x})$$

получим новую цепочку равенств

$$u(\vec{x}) = {t_1}^*(\vec{x}) = {t_2}^*(\vec{x}) = \cdots =$$

$${t_{q^*}}^*(\vec{x}) = v(\vec{x}),$$

в которой каждый переход осуществлен путем непосредственного применения одного из тождеств из множества

$$\cup_{i\in\{1,2,\ldots,p\}}\Xi_i.$$

Заметим, что при этом по крайней мере один переход осуществлен путем непосредственного применения тождества $u(\vec{x}) = v(\vec{x})$, так как в противном случае, как мы уже убедились выше, мы получим противоречие с независимостью системы тождеств Ξ. Предположим, что переход ${t_j}^*(\vec{x}) = {t_{j+1}}^*(\vec{x})$ осуществлен путем непосредственного применения тождества $u(\vec{x}) = v(\vec{x})$. Тогда для некоторой подстановки ψ равенство ${t_j}^*(\vec{x}) = {t_{j+1}}^*(\vec{x})$ можно представить в виде

$${t_j}'(\vec{x})\varphi_{jl}({s_1}^{l^*}(\vec{x})\psi(u(\vec{x})){s_1}^{l^{**}}(\vec{x})){t_j}''(\vec{x}) =$$

$${t_j}'(\vec{x})\varphi_{jl}({s_2}^{l^*}(\vec{x})\psi(v(\vec{x})){s_2}^{l^{**}}(\vec{x})){t_j}''(\vec{x})$$

или в виде

$${t_j}'(\vec{x})\varphi_{jl}({s_1}^{l^*}(\vec{x})\psi(v(\vec{x})){s_1}^{l^{**}}(\vec{x})){t_j}''(\vec{x}) =$$

$${t_j}'(\vec{x})\varphi_{jl}({s_2}^{l^*}(\vec{x})\psi(u(\vec{x})){s_2}^{l^{**}}(\vec{x})){t_j}''(\vec{x})$$

При этом

$${s_1}^{l^*}(\vec{x}) = {s_2}^{l^*}(\vec{x}),$$

$${s_1}^{l^{**}}(\vec{x}) = {s_2}^{l^{**}}(\vec{x}).$$

Очевидно, что равенства

$$t_j{}'(\vec{x})\varphi_{jl}(s_1{}^{l^*}(\vec{x})\psi(u(\vec{x}))s_1{}^{l^{**}}(\vec{x}))t_j{}''(\vec{x}) = u(\vec{x}),$$

$$t_j{}'(\vec{x})\varphi_{jl}(s_2{}^{l^*}(\vec{x})\psi(v(\vec{x}))s_2{}^{l^{**}}(\vec{x}))t_j{}''(\vec{x}) = v(\vec{x})$$

либо оба истинны, либо оба ложны. Предположим, что равенства

$$t_j{}'(\vec{x})\varphi_{jl}(s_1{}^{l^*}(\vec{x})\psi(u(\vec{x}))s_1{}^{l^{**}}(\vec{x}))t_j{}''(\vec{x}) = u(\vec{x}),$$

$$t_j{}'(\vec{x})\varphi_{jl}(s_2{}^{l^*}(\vec{x})\psi(v(\vec{x}))s_2{}^{l^{**}}(\vec{x}))t_j{}''(\vec{x}) = v(\vec{x})$$

оба истинны. Тогда очевидно, что слова

$$s_1{}^{l^*}(\vec{x}), s_1{}^{l^{**}}(\vec{x})t_j{}'(\vec{x}), t_j{}''(\vec{x})$$

являются пустыми, а φ_{jl} и ψ - тривиальные подстановки. Отсюда непосредственно вытекает, что тождество $u(\vec{x}) = v(\vec{x})$ принадлежит системе тождеств Σ. Предположим теперь, что равенства

$$t_j{}'(\vec{x})\varphi_{jl}(s_1{}^{l^*}(\vec{x})\psi(u(\vec{x}))s_1{}^{l^{**}}(\vec{x}))t_j{}''(\vec{x}) = u(\vec{x}),$$

$$t_j{}'(\vec{x})\varphi_{jl}(s_2{}^{l^*}(\vec{x})\psi(v(\vec{x}))s_2{}^{l^{**}}(\vec{x}))t_j{}''(\vec{x}) = v(\vec{x})$$

оба ложны. Допустим, что имеет место одно из следующих двух равенств

$$t_j{}'(\vec{x})\varphi_{jl}(s_1{}^{l^*}(\vec{x})\psi(u(\vec{x}))s_1{}^{l^{**}}(\vec{x}))t_j{}''(\vec{x}) = v(\vec{x}),$$

$$t_j{}'(\vec{x})\varphi_{jl}(s_2{}^{l^*}(\vec{x})\psi(v(\vec{x}))s_2{}^{l^{**}}(\vec{x}))t_j{}''(\vec{x}) = u(\vec{x}).$$

Тогда цепочку равенств

$$u(\vec{x}) = t_1{}^*(\vec{x}) = t_2{}^*(\vec{x}) = \cdots =$$

$$t_{q^*}{}^*(\vec{x}) = v(\vec{x})$$

можно заменить цепочкой

$$u(\vec{x}) = t_1{}^*(\vec{x}) = t_2{}^*(\vec{x}) = \cdots =$$

$$t_{j-1}{}^*(\vec{x}) = v(\vec{x})$$

или цепочкой равенств

$$u(\vec{x}) = t_{j+1}{}^*(\vec{x}) = t_{j+2}{}^*(\vec{x}) = \cdots =$$

$$t_{q^*}{}^*(\vec{x}) = v(\vec{x}),$$

исключив из рассмотрения соответствующий случай использования тождества $u(\vec{x}) = v(\vec{x})$. Если же оба равенства

$$t_j{}'(\vec{x})\varphi_{jl}(s_1{}^{l^*}(\vec{x})\psi(u(\vec{x}))s_1{}^{l^{**}}(\vec{x}))t_j{}''(\vec{x}) = v(\vec{x}),$$

$$t_j{}'(\vec{x})\varphi_{jl}(s_2{}^{l^*}(\vec{x})\psi(v(\vec{x}))s_2{}^{l^{**}}(\vec{x}))t_j{}''(\vec{x}) = u(\vec{x})$$

ложны, то вместо тождества $u(\vec{x}) = v(\vec{x})$ можно использовать при выводе тождество

$$t_j{}'(\vec{x})\varphi_{jl}(s_1{}^{l^*}(\vec{x})\psi(u(\vec{x}))s_1{}^{l^{**}}(\vec{x}))t_j{}''(\vec{x}) =$$

$$t_j{}'(\vec{x})\varphi_{jl}(s_2{}^{l^*}(\vec{x})\psi(v(\vec{x}))s_2{}^{l^{**}}(\vec{x}))t_j{}''(\vec{x}),$$

являющееся следствием тождества $u(\vec{x}) = v(\vec{x})$ не эквивалентным ему. Итак, мы доказали, что для любого тождества $u(\vec{x}) = v(\vec{x})$ из системы Ξ либо $u(\vec{x}) = v(\vec{x})$ - элемент множества Σ, либо существует конечное множество

$$\{u_i(\vec{x}) = v_i(\vec{x}) \mid i \in I\}$$

следствий тождества $u(\vec{x}) = v(\vec{x})$ такое, что для любого $i \in I$ тождество $u_i(\vec{x}) = v_i(\vec{x})$ не эквивалентно тождеству $u(\vec{x}) = v(\vec{x})$ и множество

$$(\Xi \backslash \{u(\vec{x}) = v(\vec{x})\}) \cup \{u_i(\vec{x}) = v_i(\vec{x}) \mid i \in I\}$$

является базисом многообразия $\mathfrak{X}$. Заметим, что так как система тождеств Ξ независима, то независима и система тождеств

$$\Xi \backslash \{u(\vec{x}) = v(\vec{x})\}.$$

Отсюда, в силу конечности множества

$$\{u_i(\vec{x}) = v_i(\vec{x}) \mid i \in I\}$$

вытекает, что существует конечное подмножество

$$\{u_i(\vec{x}) = v_i(\vec{x}) \mid i \in I^*\}$$

множества

$$\{u_i(\vec{x}) = v_i(\vec{x}) \mid i \in I\}$$

такое, что множество

$$(\Xi \backslash \{u(\vec{x}) = v(\vec{x})\}) \cup \{u_i(\vec{x}) = v_i(\vec{x}) \mid i \in I^*\}$$

является базисом многообразия $\mathfrak{X}$, и, кроме того, система тождеств

$$(\Xi \backslash \{u(\vec{x}) = v(\vec{x})\}) \cup$$

$$\{u_i(\vec{x}) = v_i(\vec{x}) \mid i \in I^*\}$$

является независимой.

Поскольку множество

$$\{u_i(\vec{x}) = v_i(\vec{x}) \mid i \in I^*\}$$

является конечным, множество

$$(\Xi \backslash \{u(\vec{x}) = v(\vec{x})\}) \cup$$

$$\{u_i(\vec{x}) = v_i(\vec{x}) \mid i \in I^*\}$$

также как и множество Ξ содержит лишь конечное число тождеств $u(\vec{x}) = v(\vec{x})$ таких, что $\mathfrak{l}(u) \leq m$. Кроме того, легко понять, что тождества системы

$$\{u_i(\vec{x}) = v_i(\vec{x}) \mid i \in I^*\}$$

можно переписать таким образом, что система тождеств

$$(\Xi \backslash \{u(\vec{x}) = v(\vec{x})\}) \cup$$

$$\{u_i(\vec{x}) = v_i(\vec{x}) \mid i \in I^*\}$$

снова будет удовлетворять условиям (1)-(4). Отсюда, в силу того, что система

$$(\Xi \backslash \{u(\vec{x}) = v(\vec{x})\}) \cup$$

$$\{u_i(\vec{x}) = v_i(\vec{x}) \mid i \in I^*\}$$

является независимой системой тождеств, являющейся базисом многообразия $\mathfrak{X}$, вытекает, что мы можем рассматривать систему тождеств

$$(\Xi \backslash \{u(\vec{x}) = v(\vec{x})\}) \cup$$

$$\{u_i(\vec{x}) = v_i(\vec{x}) \mid i \in I^*\}$$

вместо системы тождеств Ξ. Заметим, что если $\mathfrak{X}$ - многообразие полугрупп, заданное гомотипными тождествами, то многообразие $\mathfrak{X}$ удовлетворяет только гомотипным тождествам, в частности, произвольный базис многообразия $\mathfrak{X}$ состоит из гомотипных тождеств. Отсюда, как нетрудно убедиться, вытекает, что для любого тождества $u(\vec{x}) = v(\vec{x})$ системы Ξ существует лишь конечное число следствий

$u_i(\vec{x}) = v_i(\vec{x})$ этого тождества таких, что $\mathfrak{l}(u) = \mathfrak{l}(u_i)$, $\mathfrak{l}(v) = \mathfrak{l}(v_i)$. Для всех остальных следствий тождества $u(\vec{x}) = v(\vec{x})$ имеет место система неравенств

$$\mathfrak{l}(u) < \mathfrak{l}(u_i),$$

$$\mathfrak{l}(v) < \mathfrak{l}(v_i).$$

Поэтому, последовательно заменяя указанным выше образом тождества из системы Ξ на их следствия, мы получим множество систем тождеств

$$\{\Omega_i \mid i \in \mathbb{N}\}$$

такое, что для любого i система тождеств Ω_i

1. независима,

2. является базисом многообразия $\mathfrak{X}$,

3. для любого тождества $u(\vec{x}) = v(\vec{x})$ из системы тождеств Ω_i если $\mathfrak{l}(u) \leq i$ или $\mathfrak{l}(v) \leq i$, то тождество $u(\vec{x}) = v(\vec{x})$ принадлежит множеству Σ и для любого $j > i$ тождество $u(\vec{x}) = v(\vec{x})$ принадлежит множеству Ω_j. **Теорема 5 доказана.**

В свете теорем 4 и 5 представляет интерес следующая

Теорема 6 . *Существует независимо базируемое гомотипное многообразие полугрупп, определимое существенно зависимой системой тождеств.*

Доказательство теоремы 6. Пусть $\mathfrak{S}$ - многообразие всех полугрупп. Обозначим через $F\mathfrak{S}$ полугруппу, свободную в многообразии $\mathfrak{S}$, имеющую счетное множество свободных образующих

$$\{e_1, e_2, \dots, e_n, \dots\},$$

через $F_n\mathfrak{S}$ - полугруппу ранга n, свободную в многообразии $\mathfrak{S}$, множество свободных образующих которой равно множеству

$$\{e_1, e_2, \dots, e_n\}.$$

Рассмотрим эндоморфизм ϕ полугруппы

$$\{a, b, c\}^+,$$

определяемый равенствами

$$\phi(a) = abcab, \phi(b) = acabcb, \phi(c) = acbcacb.$$

Эндоморфизм ϕ порождает последовательность $U_n = \phi^n(a)$, $n \in \mathbb{N}$, тернарных бесквадратных слов, т.е. слов, избегающих слово x^2 [201]. Пусть при $k \geq 3$,

$$i \in \{1, 2, \ldots, k\}$$

слово $P_{k,i}$ является элементом полугруппы $F_2\mathfrak{S}$, имеющим вид:

$$e_1 {e_2}^{k+i} e_1 e_1.$$

Рассмотрим полугруппу $S(\phi)$, порожденную элементами e_1 и e_2 и заданную следующей системой определяющих соотношений:

$$DEDG\phi^n(a)GDEDGaGDEDF =$$

$$DEDGaGDEDG\phi^n(a)GDEDF,$$

где $n > 1$, a, b, c, D, E, F, G - это слова $P_{10,1}, P_{10,2}, \ldots, P_{10,7}$, соответственно.

Пусть $X = \{x, y\}$ - фиксированный двухэлементный алфавит переменных. Подстановка

$$e_1 \to x, e_2 \to y$$

преобразовывает систему соотношений, задающую полугруппу $S(\phi)$, в некоторую систему полугрупповых тождеств. Обозначим через $\mathfrak{X}_1$ многообразие полугрупп, заданное этой системой тождеств. Пусть $\mathfrak{X}_2$ - многообразие полугрупп, заданное тождествами

$$D(x,y)E(x,y)D(x,y)F(x,y)P_{10,8}(x,y) =$$

$$D(x,y)E(x,y)D(x,y)F(x,y),$$

$$P_{10,8}(x,y)D(x,y)E(x,y)D(x,y) =$$

$$D(x,y)E(x,y)D(x,y).$$

Покажем, что $\mathfrak{X} = \mathfrak{X}_1 \cap \mathfrak{X}_2$ - требуемое многообразие.

Используя лемму 1 из работы [189], тривиальной проверкой можно убедиться в том, что система тождеств

$$D(x,y)E(x,y)D(x,y)G(x,y)\phi^n(a(x,y))$$

$$G(x,y)D(x,y)E(x,y)D(x,y)G(x,y)$$

$$a(x,y)G(x,y)D(x,y)E(x,y)D(x,y)F(x,y) =$$

$$D(x,y)E(x,y)D(x,y)G(x,y)a(x,y)G(x,y)$$

$$D(x,y)E(x,y)D(x,y)G(x,y)\phi^n(a(x,y))$$

$$G(x,y)D(x,y)E(x,y)D(x,y)F(x,y),$$

$$D(x,y)E(x,y)D(x,y)F(x,y)P_{10,8}(x,y) =$$

$$D(x,y)E(x,y)D(x,y)F(x,y),$$

$$P_{10,8}(x,y)D(x,y)E(x,y)D(x,y) =$$

$$D(x,y)E(x,y)D(x,y)$$

является независимой. Следовательно, для завершения доказательства теоремы 6 нам достаточно показать, что многообразие $\mathfrak{X}$ может быть определено существенно зависимой системой тождеств.

В дальнейшем для краткости будем полагать, что

$$D(x,y)E(x,y)D(x,y)G(x,y)\phi^n(a(x,y))$$

$$G(x,y)D(x,y)E(x,y)D(x,y)G(x,y)$$

$$a(x,y)G(x,y)D(x,y)E(x,y)D(x,y)F(x,y) = f_n(x,y),$$

$$D(x,y)E(x,y)D(x,y)G(x,y)a(x,y)G(x,y)$$

$$D(x,y)E(x,y)D(x,y)G(x,y)\phi^n(a(x,y))$$

$$G(x,y)D(x,y)E(x,y)D(x,y)F(x,y) = f'_n(x,y),$$

$$D(x_1,x_2)E(x_1,x_2)D(x_1,x_2)$$

$$F(x_1,x_2)P_{10,8}(x_1,x_2) = h_1(x_1,x_2),$$

$$D(x_1,x_2)E(x_1,x_2)D(x_1,x_2)F(x_1,x_2) = h_2(x_1,x_2),$$

$$P_{10,8}(x_1,x_2)D(x_1,x_2)E(x_1,x_2)D(x_1,x_2) = h_3(x_1,x_2),$$

$$D(x_1,x_2)E(x_1,x_2)D(x_1,x_2) = h_4(x_1,x_2).$$

Очевидно, что система тождеств, задающая многообразие $\mathfrak{X}$, равносильна следующей системе тождеств:

$$h_1(x_1, x_2) = h_2(x_1, x_2),$$

$$h_3(x_1, x_2) = h_4(x_1, x_2),$$

$$f_i(x_{2i-1}, x_{2i}) = f_i'(x_{2i-1}, x_{2i}).$$

Рассмотрим систему тождеств

$$\{h_1(x_1, x_2) = h_2(x_1, x_2),$$

$$h_3(x_1, x_2) = h_4(x_1, x_2),$$

$$g_i(\vec{x}) = g_i'(\vec{x}) \mid i \in \mathbb{N}\},$$

где для любого $i \in \mathbb{N}$ имеет место равенство

$$g_i(\vec{x}) = \prod_{j=1}^{i} f_j(\vec{x}),$$

$$g_i'(\vec{x}) = \prod_{j=1}^{i} f_j'(\vec{x}).$$

Покажем, что система тождеств

$$\{h_1(x_1, x_2) = h_2(x_1, x_2),$$

$$h_3(x_1, x_2) = h_4(x_1, x_2),$$

$$g_i(\vec{x}) = g_i'(\vec{x}) \mid i \in \mathbb{N}\}$$

является существенно зависимой системой, определяющей многообразие $\mathfrak{X}$. Из определения системы тождеств

$$\{h_1(x_1, x_2) = h_2(x_1, x_2),$$

$$h_3(x_1, x_2) = h_4(x_1, x_2),$$

$$g_i(\vec{x}) = g_i'(\vec{x}) \mid i \in \mathbb{N}\}$$

очевидным образом следует, что для любого $i \in \mathbb{N}$ тождество $g_i(\vec{x}) = g_i'(\vec{x})$ является следствием системы тождеств

$$\{f_j(\vec{x}) = f_j'(\vec{x}) \mid j \in \{1, 2, \ldots, i\}\}.$$

Следовательно, система тождеств

$$\{h_1(x_1, x_2) = h_2(x_1, x_2),$$

$$h_3(x_1, x_2) = h_4(x_1, x_2),$$

$$g_i(\vec{x}) = g_i'(\vec{x}) \mid i \in \mathbb{N}\}$$

выполнима в многообразии $\mathfrak{X}$. Заметим, что если в тождестве $g_i(\vec{x}) = g_i'(\vec{x})$ для любого

$$j \in \{3, 4, \ldots, 2i - 2\}$$

положить

$$x_j = P_{10,8}(x_{2i-1}, x_{2i}),$$

то тождество $g_i(\vec{x}) = g_i'(\vec{x})$, в силу тождества $h_3(x_1, x_2) = h_4(x_1, x_2)$, примет вид $f_i(\vec{x}) = f_i'(\vec{x})$. Следовательно, произвольное тождество системы

$$\{f_i(\vec{x}) = f_i'(\vec{x}) \mid i \in \mathbb{N}\},$$

а значит, и многообразия $\mathfrak{X}$, выводимо из системы тождеств

$$\{h_1(x_1,x_2)=h_2(x_1,x_2),$$

$$h_3(x_1,x_2)=h_4(x_1,x_2),$$

$$g_i(\vec{x})=g_i'(\vec{x}) \mid i\in\mathbb{N}\}.$$

Таким образом, мы убедились в том, что система тождеств

$$\{h_1(x_1,x_2)=h_2(x_1,x_2),$$

$$h_3(x_1,x_2)=h_4(x_1,x_2),$$

$$g_i(\vec{x})=g_i'(\vec{x}) \mid i\in\mathbb{N}\}$$

определяет многообразие $\mathfrak{X}$.

Покажем теперь, что система тождеств

$$\{h_1(x_1,x_2)=h_2(x_1,x_2),$$

$$h_3(x_1,x_2)=h_4(x_1,x_2),$$

$$g_i(\vec{x})=g_i'(\vec{x}) \mid i\in\mathbb{N}\}$$

существенно зависима. Предположим противное. Тогда существует независимая подсистема системы

$$\{h_1(x_1,x_2)=h_2(x_1,x_2),$$

$$h_3(x_1,x_2)=h_4(x_1,x_2),$$

$$g_i(\vec{x})=g_i'(\vec{x}) \mid i\in\mathbb{N}\},$$

задающая многообразие $\mathfrak{X}$ и имеющая вид

$$\{h_1(x_1,x_2)=h_2(x_1,x_2),$$

$$h_3(x_1,x_2)=h_4(x_1,x_2),$$

$$g_i(\vec{x})=g_i'(\vec{x}) \mid i\in I\subseteq\mathbb{N}\},$$

или

$$\{h_3(x_1,x_2)=h_4(x_1,x_2),$$

$$g_i(\vec{x})=g_i'(\vec{x}) \mid i\in I\subseteq\mathbb{N}\},$$

или

$$\{h_1(x_1,x_2)=h_2(x_1,x_2),$$

$$g_i(\vec{x})=g_i'(\vec{x}) \mid i\in I\subseteq\mathbb{N}\},$$

или

$$\{g_i(\vec{x})=g_i'(\vec{x}) \mid i\in I\subseteq\mathbb{N}\}.$$

Предположим, что мощность множества I больше 3. Тогда найдутся натуральные числа $i_1<i_2$ такие, что тождества $g_{i_1}(\vec{x})=g_{i_1}'(\vec{x})$ и $g_{i_2}(\vec{x})=g_{i_2}'(\vec{x})$ принадлежат множеству

$$\{g_i(\vec{x})=g_i'(\vec{x}) \mid i\in I\subseteq\mathbb{N}\}.$$

Положив

$$x_j=P_{10,8}(x_{2i_1-1},x_{2i_1})$$

в тождестве $g_{i_2}(\vec{x})=g_{i_2}'(\vec{x})$ для любого

$$j\in\{2i_1+1,2i_1+2,\ldots,2i_2\},$$

из тождества $g_{i_2}(\vec{x}) = g'_{i_2}(\vec{x})$, в силу тождества

$$h_1(x_1, x_2) = h_2(x_1, x_2),$$

получим тождество $g_{i_1}(\vec{x}) = g'_{i_1}(\vec{x})$, т.е. тождество $g_{i_1}(\vec{x}) = g'_{i_1}(\vec{x})$ выводимо из тождества $g_{i_2}(\vec{x}) = g'_{i_2}(\vec{x})$, что противоречит независимости системы

$$\{h_1(x_1, x_2) = h_2(x_1, x_2),$$

$$h_3(x_1, x_2) = h_4(x_1, x_2),$$

$$g_i(\vec{x}) = g'_i(\vec{x}) \mid i \in I \subseteq \mathbb{N}\}$$

и системы тождеств

$$\{h_1(x_1, x_2) = h_2(x_1, x_2),$$

$$g_i(\vec{x}) = g'_i(\vec{x}) \mid i \in I \subseteq \mathbb{N}\}.$$

Следовательно, система тождеств

$$\{h_1(x_1, x_2) = h_2(x_1, x_2),$$

$$h_3(x_1, x_2) = h_4(x_1, x_2),$$

$$g_i(\vec{x}) = g'_i(\vec{x}) \mid i \in I \subseteq \mathbb{N}\}$$

и система тождеств

$$\{h_1(x_1, x_2) = h_2(x_1, x_2),$$

$$g_i(\vec{x}) = g'_i(\vec{x}) \mid i \in I \subseteq \mathbb{N}\}.$$

могут состоять из не более чем трех элементов. Заметим, что слова

$$h_1(x_1, x_2), h_2(x_1, x_2), h_3(x_1, x_2), h_4(x_1, x_2),$$

в силу леммы 1 из работы [189], являются изотермами для тождеств системы

$$\{g_i(\vec{x}) = g'_i(\vec{x}) \mid i \in I \subseteq \mathbb{N}\}.$$

Поэтому тождества

$$h_1(x_1, x_2) = h_2(x_1, x_2)$$

и

$$h_3(x_1, x_2) = h_4(x_1, x_2)$$

не выводимы из системы тождеств

$$\{g_i(\vec{x}) = g'_i(\vec{x}) \mid i \in I \subseteq \mathbb{N}\}.$$

Кроме того, в силу леммы 1 из работы [189], слова

$$h_1(x_1, x_2), h_2(x_1, x_2)$$

избегают слово

$$h_3(x_1, x_2),$$

а слово

$$h_3(x_1, x_2),$$

в свою очередь, избегает слова

$$h_1(x_1, x_2), h_2(x_1, x_2).$$

Поэтому тождество

$$h_1(x_1, x_2) = h_2(x_1, x_2)$$

не выводимо из системы тождеств

$$\{h_3(x_1, x_2) = h_4(x_1, x_2),$$

$$g_i(\vec{x}) = g_i'(\vec{x}) \mid i \in I \subseteq \mathbb{N}\},$$

а тождество

$$h_3(x_1, x_2) = h_4(x_1, x_2)$$

не выводимо из системы тождеств

$$\{h_1(x_1, x_2) = h_2(x_1, x_2),$$

$$g_i(\vec{x}) = g_i'(\vec{x}) \mid i \in I \subseteq \mathbb{N}\}.$$

Следовательно, системы тождеств

$$\{h_1(x_1, x_2) = h_2(x_1, x_2),$$

$$g_i(\vec{x}) = g_i'(\vec{x}) \mid i \in I \subseteq \mathbb{N}\},$$

$$\{h_3(x_1, x_2) = h_4(x_1, x_2),$$

$$g_i(\vec{x}) = g_i'(\vec{x}) \mid i \in I \subseteq \mathbb{N}\}$$

и

$$\{g_i(\vec{x}) = g_i'(\vec{x}) \mid i \in I \subseteq \mathbb{N}\}$$

не являются базисами многообразия $\mathfrak{X}$. Таким образом, лишь одна из следующих двух подсистем системы

$$\{h_1(x_1, x_2) = h_2(x_1, x_2),$$

$$h_3(x_1, x_2) = h_4(x_1, x_2),$$

$$g_i(\vec{x}) = g'_i(\vec{x}) \mid i \in I \subseteq \mathbb{N}\}$$

может выступать в качестве независимого базиса многообразия $\mathfrak{X}$:

$$\{h_1(x_1, x_2) = h_2(x_1, x_2),$$

$$h_3(x_1, x_2) = h_4(x_1, x_2),$$

$$g_i(\vec{x}) = g'_i(\vec{x})\},$$

$$\{h_1(x_1, x_2) = h_2(x_1, x_2),$$

$$h_3(x_1, x_2) = h_4(x_1, x_2)\}.$$

Поскольку для любого i слова $g_i(\vec{x})$ и $g'_i(\vec{x})$ избегают слова

$$h_1(x_1, x_2), h_2(x_1, x_2), h_3(x_1, x_2),$$

для любого i тождество $g_i(\vec{x}) = g'_i(\vec{x})$ не выводимо из системы

$$\{h_1(x_1, x_2) = h_2(x_1, x_2), h_3(x_1, x_2) = h_4(x_1, x_2)\}.$$

Следовательно, система

$$\{h_1(x_1, x_2) = h_2(x_1, x_2), h_3(x_1, x_2) = h_4(x_1, x_2)\}$$

не является базисом многообразия $\mathfrak{X}$, т.е. нам осталось рассмотреть только случай системы

$$\{h_1(x_1, x_2) = h_2(x_1, x_2),$$

$$h_3(x_1, x_2) = h_4(x_1, x_2),$$

$$g_i(\vec{x}) = g_i'(\vec{x})\}.$$

Так как система тождеств

$$\{h_1(x_1, x_2) = h_2(x_1, x_2),$$

$$h_3(x_1, x_2) = h_4(x_1, x_2),$$

$$g_i(\vec{x}) = g_i'(\vec{x})\}$$

является базисом многообразия $\mathfrak{X}$, то произвольное тождество системы

$$\{f_i(\vec{x}) = f_i'(\vec{x}) \mid i \in \mathbb{N}\}$$

выводимо из системы

$$\{h_1(x_1, x_2) = h_2(x_1, x_2),$$

$$h_3(x_1, x_2) = h_4(x_1, x_2),$$

$$g_i(\vec{x}) = g_i'(\vec{x})\}.$$

Поскольку система тождеств

$$\{h_1(x_1, x_2) = h_2(x_1, x_2),$$

$$h_3(x_1, x_2) = h_4(x_1, x_2),$$

$$g_i(\vec{x}) = g_i'(\vec{x})\}$$

трехэлементна, существует $l \in \mathbb{N}$ такое, что система тождеств

$$\{g_i(\vec{x}) = g_i'(\vec{x}) \mid i \in I \subseteq \mathbb{N}\}$$

выводима из системы

$$\{h_1(x_1, x_2) = h_2(x_1, x_2),$$

$$h_3(x_1, x_2) = h_4(x_1, x_2),$$

$$f_i(\vec{x}) = f_i'(\vec{x}) \mid i \in \{1, 2, \ldots, l\}\}.$$

Таким образом, система тождеств

$$\{h_1(x_1, x_2) = h_2(x_1, x_2),$$

$$h_3(x_1, x_2) = h_4(x_1, x_2),$$

$$f_i(\vec{x}) = f_i'(\vec{x}) \mid i \in \mathbb{N}\}$$

выводима из своей конечной подсистемы, что противоречит независимости системы тождеств

$$\{h_1(x_1, x_2) = h_2(x_1, x_2),$$

$$h_3(x_1, x_2) = h_4(x_1, x_2),$$

$$f_i(\vec{x}) = f_i'(\vec{x}) \mid i \in \mathbb{N}\}.$$

Теорема 6 доказана.

Утверждение, аналогичное теореме 6, справедливо и для гетеротипных многообразий полугрупп.

Теорема 7 . *Существует независимо базируемое гетеротипное многообразие полугрупп, определимое существенно зависимой системой тождеств.*

Доказательство теоремы 7 несложно провести по схеме доказательства теоремы 6, рассмотрев в качестве многообразия $\mathfrak{X}$ многообразие $\mathfrak{X}_1 \cap \mathfrak{X}_2 \cap \mathfrak{X}_3$, где $\mathfrak{X}_3$ - многообразие, заданное тождеством $y^{20} = 0$, и заметив, что все тождества, задающие многообразие $\mathfrak{X}_1 \cap \mathfrak{X}_2$, являются равенствами слов, избегающих слово y^{20}.

В работе [200] показано, что существует многообразие моноидов, заданное уравновешенными тождествами и не имеющее независимого базиса. Согласно [176], многообразие полугрупп, заданное той же системой тождеств, будет независимо базируемо.

Теорема 8 . *Существует многообразие полугрупп, не имеющее независимого базиса, такое, что многообразие моноидов, заданное той же системой тождеств, будет независимо базируемо.*

Доказательство теоремы 8. Рассмотрим систему тождеств:

$$x^m = x^{m+d},$$

$$yx_1^l x_2^l \dots x_n^l y = yx_n^l \dots x_2^l x_1^l y,$$

где $m \leq l < m + d$, $m > 1$, $n \in \{2, 3, \dots\}$, d делит l. В работе [200] доказано, что эта система тождеств задает многообразие полугрупп, не имеющее независимого базиса. Рассмотрим теперь эту систему, как базис некоторого многообразия моноидов. Подстановкой $y = 1$ из тождества

$$yx_1^l x_2^l y = yx_2^l x_1^l y$$

получаем тождество

$$x_1^l x_2^l = x_2^l x_1^l.$$

Индукцией легко проверить, что из тождества

$$x_1^l x_2^l = x_2^l x_1^l$$

для любого $n > 2$ вытекает тождество

$$x_1^l x_2^l \dots x_n^l = x_n^l \dots x_2^l x_1^l,$$

а значит, и тождество

$$y x_1^l x_2^l \dots x_n^l y = y x_n^l \dots x_2^l x_1^l y.$$

Следовательно, многообразие моноидов, заданное системой тождеств

$$x^m = x^{m+d},$$

$$y x_1^l x_2^l \dots x_n^l y = y x_n^l \dots x_2^l x_1^l y,$$

может быть задано и системой тождеств

$$x^m = x^{m+d},$$

$$x_1^l x_2^l = x_2^l x_1^l,$$

т.е. является конечно базируемым многообразием. Теперь осталось заметить, что произвольное конечно базируемое многообразие обладает независимым базисом тождеств. **Теорема 8 доказана.**

4 Унитарно замкнутые многообразия

Следуя [180], введем понятие унитарно замкнутого многообразия алгебр. Пусть $\mathcal{F}$ - некоторое ассоциативное и коммутативное кольцо с единицей. Рассмотрим произвольную алгебру A над кольцом $\mathcal{F}$. Кольцо $\mathcal{F}$ можно рассматривать как модуль над собой. Единица 1 кольца $\mathcal{F}$ является порождающим элементом этого $\mathcal{F}$-модуля: $\mathcal{F} = \mathcal{F} \cdot 1$. Рассмотрим прямую сумму $A^\star = A \oplus \mathcal{F} \cdot 1$ двух $\mathcal{F}$-модулей A и $\mathcal{F} \cdot 1$ и определим на ней умножение следующим образом:

$$(a + \alpha \cdot 1)(b + \beta \cdot 1) =$$

$$(ab + \alpha b + \beta a) + \alpha\beta \cdot 1,$$

где $\alpha, \beta \in \mathcal{F}$, $a, b \in A$. Алгебру $A^\star$ мы будем называть алгеброй, полученной формальным присоединением единицы к алгебре A. Легко видеть, что 1 - единица алгебры $A^\star$ и A - подалгебра в алгебре $A^\star$. Многообразие $\mathfrak{X}$ назовем унитарно замкнутым, если для любой алгебры A из $\mathfrak{X}$ алгебра $A^\star$ также принадлежит $\mathfrak{X}$.

Пусть $\mathfrak{N}\mathcal{F}$ - многообразие всех алгебр над кольцом $\mathcal{F}$, $\mathfrak{N}^1\mathcal{F}$ - класс всех алгебр с единицей над кольцом $\mathcal{F}$. $F\mathfrak{N}\mathcal{F}$ - алгебра счетного ранга, свободная в многообразии $\mathfrak{N}\mathcal{F}$, $F^1\mathfrak{N}\mathcal{F}$ - алгебра счетного ранга с единицей, свободная в многообразии $\mathfrak{N}\mathcal{F}$, т.е. алгебра, полученная формальным присоединением единицы к алгебре $F\mathfrak{N}\mathcal{F}$. Обозначим через $\mathfrak{X}\mathcal{F}$ - некоторое подмногообразие многообразия $\mathfrak{N}\mathcal{F}$, $\mathfrak{X}^1\mathcal{F} = \mathfrak{N}^1\mathcal{F} \cap \mathfrak{X}\mathcal{F}$, $F\mathfrak{X}\mathcal{F}$ - алгебра счетного ранга, свободная в многообразии $\mathfrak{X}\mathcal{F}$, $F^1\mathfrak{X}\mathcal{F}$ - алгебра счетного ранга с единицей, свободная в многообразии $\mathfrak{X}\mathcal{F}$. Множество

$$\{e_1, \ldots, e_n, \ldots\}$$

мы будем рассматривать как множество свободных образующих алгебр $F\mathfrak{R}\mathcal{F}$, $F^1\mathfrak{R}\mathcal{F}$, $F\mathfrak{X}\mathcal{F}$, $F^1\mathfrak{X}\mathcal{F}$. Заметим, что если $\mathfrak{X}\mathcal{F}$ - унитарно замкнутое многообразие, в частности если $\mathfrak{X}\mathcal{F}$=$\mathfrak{R}\mathcal{F}$, то класс $\mathfrak{X}^1\mathcal{F}$, рассматриваемый как класс универсальных алгебр сигнатуры

$$\langle +, \cdot, 1\rangle,$$

будет многообразием, обладающим тем же запасом тождеств, что и многообразие $\mathfrak{X}\mathcal{F}$. Однако появление в сигнатуре единицы дает нам возможность повлиять на взаимодействие тождеств, поскольку мы получаем новое довольно мощное правило вывода тождеств, позволяющее "стирать"переменные. В частности, можно рассмотреть влияние 1 на базис многообразия $\mathfrak{X}^1\mathcal{F}$. Естественно выделить три, вообще говоря несравнимых, параметра, определяющих простоту того или иного множества тождеств: количество тождеств, максимальное число переменных, используемое в одном тождестве, максимальная степень тождества. Возможны и другие подходы к понятию простоты множества тождеств. В частности, множество тождеств M_1 проще множества тождеств M_2, если $M_1 \subseteq M_2$. Как правило, базис многообразия $\mathfrak{X}^1\mathcal{F}$ устроен проще, чем базис многообразия $\mathfrak{X}\mathcal{F}$. Например, если

$$\mathfrak{X}\mathbb{Z}_2 = var\{((x_1x_2 + x_2x_1)x_3)(x_4x_5 + x_5x_4) = 0,$$

$$(x_1x_2 + x_2x_1)(x_4x_5 + x_5x_4) = 0\},$$

то, как нетрудно убедиться многообразие $\mathfrak{X}\mathbb{Z}_2$ - унитарно замкнуто и

$$\mathfrak{X}^1\mathbb{Z}_2 = var\{((x_1x_2 + x_2x_1)x_3)(x_4x_5 + x_5x_4) = 0\}.$$

Если мы откажемся от унитарной замкнутости, то можем получить и более радикальные "упрощения". В частности, существует бесконечно базируемое многообразие алгебр $\mathfrak{X}\mathcal{F}$ такое, что многообразие $\mathfrak{X}^1\mathcal{F}$ конечно базируемо. Примером такого многообразия может служить многообразие

$$\mathfrak{X}\mathbb{Z}_2 = var\{(x_{i+7}x_{i+6})((\dots$$

$$((x_4(x_3(x_1x_2 + x_2x_1)))x_5)\dots)x_{i+5}) = 0 \mid i \in \mathbb{N}\},$$

$$\mathfrak{X}^1\mathbb{Z}_2 = var\{x_1x_2 + x_2x_1 = 0\}.$$

Однако этот пример врядли можно считать содержательным, поскольку в этом случае многообразие $\mathfrak{X}^1\mathcal{F}$ принадлежит собственному подмногообразию многообразия $\mathfrak{X}\mathcal{F}$. В связи с этим примером представляет интерес следующая

Теорема 9 . *Если $\mathcal{F}$ - конечно, то унитарно замкнутое многообразие алгебр $\mathfrak{X}\mathcal{F}$ конечно базируемо тогда и только тогда, когда конечно базируемо многообразие $\mathfrak{X}^1\mathcal{F}$.*

Доказательство теоремы 9. Очевидно, что если многообразие алгебр $\mathfrak{X}\mathcal{F}$ конечно базируемо, то конечно базируемо и многообразие $\mathfrak{X}^1\mathcal{F}$. Предположим, многообразие $\mathfrak{X}^1\mathcal{F}$ конечно базируемо и зафиксируем некоторый конечный базис тождеств

$$\mathbb{F} \rightleftharpoons \{f_1(\vec{x}) = 0, \dots, f_n(\vec{x}) = 0\}$$

этого многообразия. Поскольку в систему тождеств $\mathbb{F}$ входит лишь конечное число тождеств и каждое из них зависит от конечного числа переменных, без ограничения общности, можно считать, что каждое из тождеств системы $\mathbb{F}$ зависит от переменных

$$x_1, \dots, x_k,$$

причем некоторые из этих переменных могут присутствовать в тождестве фиктивно. Рассмотрим множество Ψ всевозможных линейных отображений $\psi_{A,\vec{a}}$, определенных на множестве

$$\{x_1, \ldots, x_k\}$$

и заданных следующим образом:

1. $\psi_{A,\vec{a}}(x_i) = x_i + a_i$, если $i \in A$,
2. $\psi_{A,\vec{a}}(x_i) = a_i$, если $i \notin A$,
3. $A \subseteq \{1, \ldots, k\}, a_i \in \mathcal{F}$.

Пусть

$$\mathbb{G} \rightleftharpoons \{g_{i,A,\vec{a}}(\vec{x}) = 0 \mid g_{i,A,\vec{a}}(\vec{x}) = \psi_{A,\vec{a}}((f_i(x_1, \ldots, x_k)),$$

$$i \in \{1, \ldots, n\},$$

$$j \in \{1, \ldots, k\},$$

$$A \subseteq \{1, \ldots, k\},$$

$$f_i(x_1, \ldots, x_k) \in \mathbb{F},$$

$$a, a_j \in \mathcal{F}, \psi_{A,a} \in \Psi\}.$$

Легко понять, что множество $\mathbb{G}$ конечно и все элементы множества $\mathbb{G}$ являются тождествами многообразия $\mathfrak{X}^1\mathcal{F}$. Предположим, что существует многочлен $g_{i,A,\vec{a}}(\vec{x})$ такой, что

$$g_{i,A,\vec{a}}(\vec{x}) = 0 \in \mathbb{G},$$

$$g_{i,A,\vec{a}}(\vec{x}) = h(\vec{x}) + b,$$

где $h(\vec{x})$ - многочлен без свободного члена, b - ненулевой элемент кольца $\mathcal{F}$. Покажем, что существование такого многочлена невозможно. Для этого определим линейное отображение $\varphi_{A,\vec{a}}$:

1. $\varphi_{A,\vec{a}}(x_i) = a_i$, если $i \in A$,
2. $\varphi_{A,\vec{a}}(x_i) = a_i$, если $i \notin A$.

Очевидно, что для любого $A \subseteq \{1, \ldots, k\}$ и для любого

$$f_i(x_1, \ldots, x_k)$$

из множества $\mathbb{F}$ равенство

$$\varphi_{A,\vec{a}}(f_i(x_1, \ldots, x_k)) = 0$$

будет тождеством многообразия $\mathfrak{x}^1\mathcal{F}$. Заметим, что если

$$g_{i,A,\vec{a}}(\vec{x}) = h(\vec{x}) + b$$

и

$$B = \{1, \ldots, k\} \backslash A,$$

то

$$s(1, \ldots, 1) = b,$$

где

$$s(\vec{x}) = \varphi_{A,\vec{a}}(f_i(x_1, \ldots, x_k)) = 0.$$

Поскольку $s(\vec{x}) = 0$ - тождество многообразия $\mathfrak{x}^1\mathcal{F}$, то в произвольной алгебре из многообразия $\mathfrak{x}^1\mathcal{F}$, в том числе и в свободной алгебре $F\mathfrak{x}^1\mathcal{F}$, имеет место равенство $b = 0$, что противоречит предположению о том, что b - ненулевой элемент кольца $\mathcal{F}$. Итак, мы убедились в том, что ни один многочлен $g_{i,A,\vec{a}}(\vec{x})$ такой, что

$$g_{i,A,\vec{a}}(\vec{x}) = 0 \in \mathbb{G},$$

не представим в виде

$$g_{i,A,\vec{a}}(\vec{x}) = h(\vec{x}) + b,$$

где $h(\vec{x})$ - многочлен без свободного члена, b - ненулевой элемент кольца $\mathcal{F}$. Для того, чтобы завершить доказательство теоремы, нам достаточно показать, что множество $\mathbb{G}$ является базисом многообразия $\mathfrak{x}\mathcal{F}$. Для этого достаточно показать, что произвольное тождество многообразия $\mathfrak{x}\mathcal{F}$ выводимо из множества тождеств $\mathbb{G}$. Пусть $w(\vec{y}) = 0$ - произвольное тождество многообразия $\mathfrak{x}\mathcal{F}$. Так как $w(\vec{y}) = 0$ - тождество многообразия $\mathfrak{x}\mathcal{F}$, то $w(\vec{y}) = 0$, в силу того, что $\mathfrak{x}\mathcal{F}$ - унитарно замкнутое многообразие, является тождеством многообразия $\mathfrak{x}^1\mathcal{F}$. Тождество $w(\vec{y}) = 0$ выполняется в многообразии $\mathfrak{x}^1\mathcal{F}$ тогда и только тогда, когда оно выполняется в алгебре $F\mathfrak{x}^1\mathcal{F}$. Выполнимость тождества $w(\vec{y}) = 0$ в алгебре $F\mathfrak{x}^1\mathcal{F}$ равносильна истинности в этой алгебре равенства $w(\vec{e}) = 0$. Поскольку $\mathbb{F}$ - базис многообразия $\mathfrak{x}^1\mathcal{F}$, равенство $w(\vec{e}) = 0$ выполняется в алгебре $F\mathfrak{x}^1\mathcal{F}$ тогда и только тогда, когда в алгебре $F\mathfrak{R}^1\mathcal{F}$ имеет место равенство вида $w(\vec{e}) = \sum_j u_j(\vec{e})$, где $u_j(\vec{e})$ - некоторое произведение многочленов, одним из сомножителей в котором является многочлен $v_j(\vec{e})$ такой, что

$$v_j(\vec{e}) = \mathfrak{v}[t_1(\vec{e}), \ldots, t_k(\vec{e})](f_i(x_1, \ldots, x_k))$$

для подходящих i, и

$$t_1(\vec{e}), \ldots, t_k(\vec{e}) \in F\mathfrak{R}^1\mathcal{F},$$

где

$$\mathfrak{v}[t_1(\vec{e}), \ldots, t_k(\vec{e})]$$

является линейным отображением, заданное следующим образом:

$$\mathfrak{v}[t_1(\vec{e}), \ldots, t_k(\vec{e})](x_i) = t_i(\vec{e}).$$

Для любого

$$j \in \{1, \ldots, k\}$$

многочлен $t_j(\vec{e})$ можно представить в виде

$$s_j(\vec{e}) + a_j,$$

где $s_j(\vec{e})$ - элемент алгебры $F\mathfrak{R}\mathcal{F}$, а a_j - элемент кольца $\mathcal{F}$. Легко понять, что линейные отображения

$$\mathfrak{v}[t_1(\vec{e}), \ldots, t_k(\vec{e})]$$

действуют на элементах алгебры $F\mathfrak{R}^1\mathcal{F}$ точно так же, как линейные отображения из множества Ψ действуют на тождествах. Следовательно, многочлен $v_j(\vec{e})$ можно представить в виде значения некоторого тождества из множества $\mathbb{G}$. **Теорема 9 доказана.**

В дальнейшем мы будем рассматривать многообразие $\mathfrak{X}^1\mathcal{F}$ только для унитарно замкнутого многообразия $\mathfrak{X}\mathcal{F}$.

Заметим, что многие классические теоремы, касающиеся линеаризации тождеств, (см., например, [180], [178]). справедливы и для многообразий алгебр с 1, поскольку мы всегда можем, при желании, в качестве базиса многообразия $\mathfrak{X}^1\mathcal{F}$ взять базис многообразия $\mathfrak{X}\mathcal{F}$. В отдельных случаях с точки зрения полилинейности многообразие $\mathfrak{X}^1\mathcal{F}$ может быть лучше, чем многообразие $\mathfrak{X}\mathcal{F}$. В частности, многообразие

$$\mathfrak{X}\mathbb{Z}_2 = var\{((((x_1x_2 + x_2x_1)x_3)x_4)x_5)(x_6x_7 + x_7x_6) = 0,$$

$$(((x_1x_2 + x_2x_1)x_3)x_3)(x_4x_5 + x_5x_4) = 0\}$$

не обладает полилинейным базисом, а соответствующее ему многообразие алгебр с 1 может быть задано одним полилинейным тождеством

$$\mathfrak{X}^1\mathbb{Z}_2 = var\{((((x_1x_2 + x_2x_1)x_3)x_4)x_5)(x_6x_7 + x_7x_6) = 0\}.$$

Заметим, что в рассмотренном примере базис многообразия $\mathfrak{X}\mathbb{Z}_2$ полиоднороден и этот пример невозможно усилить, построив унитарно замкнутое многообразие $\mathfrak{X}\mathcal{F}$, не обладающее полиоднородным базисом, такое, что многообразие $\mathfrak{X}^1\mathcal{F}$ полилинейно базируемо. Представляет интерес

Вопрос 2. *Существует ли унитарно замкнутое многообразие $\mathfrak{X}\mathcal{F}$, не обладающее полиоднородным базисом такое, что многообразие $\mathfrak{X}^1\mathcal{F}$ имеет полиоднородный базис.*

В связи с тем, что существуют многообразия алгебр, не имеющие независимого базиса, представляет интерес следующая теорема, позволяющая существенно облегчить проверку, будет ли то или иное многообразие обладать независимым базисом.

Теорема 10 . *Пусть $\mathfrak{X}\mathcal{F}$ - многообразие алгебр, обладающее полилинейным базисом $\mathbb{B}_1$ и независимым базисом $\mathbb{B}_2$. Тогда $\mathfrak{X}\mathcal{F}$ обладает независимым полилинейным базисом $\mathbb{B}_3$. Аналогичное утверждение справедливо и для многообразия $\mathfrak{X}^1\mathcal{F}$.*

Отметим, что если $\mathfrak{X}\mathcal{F}$ - многообразие алгебр, обладающее полилинейным базисом $\mathbb{B}_1$, то согласно следствию из теоремы 5 в ([180], стр.24) многообразие $\mathfrak{X}\mathcal{F}$ однородно. Поскольку доказательство теоремы 4.2.13 в [178] без каких-либо изменений переносится с алгебр Ли на случай произвольных алгебр, мы можем применить эту теорему к многообразию $\mathfrak{X}\mathcal{F}$. Следовательно, согласно теореме 4.2.13 в [178] многообразие $\mathfrak{X}\mathcal{F}$ обладает независимым базисом $\mathbb{B}_2$, а значит, в силу теоремы 9, обладает и независимым полилинейным базисом $\mathbb{B}_3$. Заметим, что хотя наличие независимого полилинейного базиса $\mathbb{B}_3$ не следует непосредственно из формулировки теоремы 4.2.13 в [178], существование $\mathbb{B}_3$ можно извлечь из ее доказательства. Кроме того, следует отметить, что, в силу однородности многообразия $\mathfrak{X}\mathcal{F}$, имеющего полилинейный базис тождеств, и совпадения множества тождеств унитарно замкнутого многообразия $\mathfrak{X}\mathcal{F}$ с множеством тождеств многообразия $\mathfrak{X}^1\mathcal{F}$, многообразие $\mathfrak{X}^1\mathcal{F}$ также однородно.

Доказательство теоремы 10. Доказательство теоремы 10 мы проведем для случая многообразия $\mathfrak{X}\mathcal{F}$, поскольку все рассуждения, касающиеся многообразия $\mathfrak{X}\mathcal{F}$, будут справедливы и для многообразия $\mathfrak{X}^1\mathcal{F}$. Пусть

$$\mathbb{B}_1 \rightleftharpoons \{f_i(\vec{x}) = 0 \mid i \in \mathbb{N}\},$$

$$\mathbb{B}_2 \rightleftharpoons \{g_j(\vec{x}) = 0 \mid j \in \mathbb{N}\}.$$

Выполнимость тождества $f_i(\vec{x}) = 0$ в многообразии $\mathfrak{X}\mathcal{F}$ равносильна выполнимости этого тождества в алгебре $F\mathfrak{X}\mathcal{F}$. В свою очередь, тождество $f_i(\vec{x}) = 0$ выполняется в алгебре $F\mathfrak{X}\mathcal{F}$ тогда и только тогда, когда в алгебре $F\mathfrak{X}\mathcal{F}$ имеет место равенство $f_i(\vec{e}) = 0$. Поскольку $\mathbb{B}_2$ - базис многообразия $\mathfrak{X}\mathcal{F}$, истинность равенства $f_i(\vec{e}) = 0$ в алгебре $F\mathfrak{X}\mathcal{F}$ равносильна истинности в алгебре $F\mathfrak{R}\mathcal{F}$ равенства вида

$$f_i(\vec{e}) = \sum_{l,k} u_{k1} h_l u_{k2},$$

где для любого l существует j такое, что h_l - многочлен, полученный из многочлена $g_j(\vec{x})$ подстановкой конкретных элементов алгебры $F\mathfrak{R}\mathcal{F}$ вместо переменных, $u_{i1}h_l u_{i2}$ - некоторое произведение многочленов, имеющее вид

$$u_{r_1}^{(1)} \dots u_{r_1}^{(k)} h_l u_{r_2}^{(1)} \dots u_{r_2}^{(p)}$$

с некоторым расположением скобок. Заметим, что представлений вида $\sum_{l,k} u_{k1} h_l u_{k2}$ для каждого из многочленов $f_i(\vec{e})$ возможно, вообще говоря, бесконечно много. Зафиксируем для каждого i некоторое представление $\sum_{l,k} u_{k1} h_l u_{k2}$ многочлена $f_i(\vec{e})$. Поскольку в представлении $\sum_{l,k} u_{k1} h_l u_{k2}$ лишь конечное число одночленов, можно рассмотреть семейство конечных подмножеств

$$\{\mathbb{F}_i \mid i \in \mathbb{N}\}$$

множества $\mathbb{B}_2$ таких, что $\mathbb{F}_i$ для любого i является множеством тождеств, используемых при построении представления $\sum_{l,k} u_{k1} h_l u_{k2}$

для многочлена $f_i(\vec{e})$. Так как $\mathbb{B}_2$ - независимый базис тождеств многообразия $\mathfrak{x}\mathcal{F}$, то

$$\cup_i \mathbb{F}_i = \mathbb{B}_2.$$

Совершенно аналогично, выполнимость тождества $g_j(\vec{x}) = 0$ в многообразии $\mathfrak{x}\mathcal{F}$ равносильна выполнимости этого тождества в алгебре $F\mathfrak{x}\mathcal{F}$. В свою очередь, тождество $g_j(\vec{x}) = 0$ выполняется в алгебре $F\mathfrak{x}\mathcal{F}$ тогда и только тогда, когда в алгебре $F\mathfrak{x}\mathcal{F}$ имеет место равенство $g_j(\vec{e}) = 0$. Поскольку $\mathbb{B}_1$ - базис многообразия $\mathfrak{x}\mathcal{F}$, истинность равенства $g_j(\vec{e}) = 0$ в алгебре $F\mathfrak{x}\mathcal{F}$ равносильна истинности в алгебре $F\mathfrak{R}\mathcal{F}$ равенства вида

$$g_j(\vec{e}) = \sum_{l,k} u_{k1} h_l u_{k2},$$

где для любого l существует i такое, что h_l - многочлен, полученный из многочлена $f_i(\vec{x})$ подстановкой конкретных элементов алгебры $F\mathfrak{R}\mathcal{F}$ вместо переменных. Зафиксируем для каждого j некоторое представление $\sum_{l,k} u_{k1} h_l u_{k2}$ многочлена $g_j(\vec{e})$. Поскольку в представлении $\sum_{l,k} u_{k1} h_l u_{k2}$ лишь конечное число одночленов, можно рассмотреть семейство конечных подмножеств

$$\{\mathbb{G}_j \mid j \in \mathbb{N}\}$$

множества $\mathbb{B}_1$ таких, что $\mathbb{G}_j$ для любого j является множеством тождеств, используемых при построении представления $\sum_{l,k} u_{k1} h_l u_{k2}$ для многочлена $g_j(\vec{e})$.

В силу сказанного выше, равенство

$$f_i(\vec{e}) = \sum_{l,k} u_{k1} h_l u_{k2}$$

можно представить в виде $f_i(\vec{e}) = \sum \mathfrak{g}_p$, где для любого p многочлен $\mathfrak{g}_p$ можно представить в виде $\sum_{l,k} u_{k1} h_l u_{k2}$, причем для любого l многочлен h_l получен из тождества $g_p(\vec{x}) = 0$. Для любого p многочлен

$\mathfrak{g}_p$ можно представить в виде суммы своих однородных компонент ([180], стр.16)

$$\sum_{\alpha\in A_p} \mathfrak{g}_{p,\alpha},$$

где A_p - множество всевозможных полистепеней ([178], стр.64), встречающихся в многочлене $\mathfrak{g}_p$. Заметим, что если в многочлене $\mathfrak{g}_p$ все вхождения образующих заменить на переменные с теми же индексами, то мы получим некоторое тождество $\mathfrak{g}_p(\vec{x}) = 0$, выполняющееся в многообразии $\mathfrak{X}\mathcal{F}$. При этом тождество $\mathfrak{g}_p(\vec{x}) = 0$ будет следствием ([178], стр. 68) тождества $g_p(\vec{x}) = 0$. Поскольку $\mathfrak{X}\mathcal{F}$ - однородное многообразие, то аналогичное преобразование многочленов $\mathfrak{g}_{p,\alpha}$ даст нам семейство однородных тождеств $\mathfrak{g}_{p,\alpha}(\vec{x}) = 0$, выполняющихся в многообразии $\mathfrak{X}\mathcal{F}$ и так же как и тождество $\mathfrak{g}_p(\vec{x}) = 0$ являющихся следствиями тождества $g_p(\vec{x}) = 0$.

Поскольку $\mathbb{B}_1$ - полилинейный базис, то $f_i(\vec{e})$ - полилинейный многочлен. Следовательно, из истинности равенства

$$f_i(\vec{e}) = \sum_{l,k} u_{k1} h_l u_{k2}$$

в алгебре $F\mathfrak{R}\mathcal{F}$ вытекает истинность в этой алгебре равенства

$$\sum_{\alpha\in {A_p}',p} \mathfrak{g}_{p,\alpha} = 0,$$

где ${A_p}' \subseteq A_p$, не содержащее полилинейной полистепени. Отсюда очевидным образом вытекает, что

$$\sum_{\alpha\in {A_p}',p} \mathfrak{g}_{p,\alpha}(\vec{x}) = 0$$

является тождество в многообразии $\mathfrak{R}\mathcal{F}$.

Рассмотрим множество тождеств $\mathbb{G}_j$. Этому множеству можно сопоставить множество натуральных чисел G_j такое, что

$$G_j \rightleftharpoons \{i \mid f_i(\vec{x}) = 0 \in \mathbb{G}_j\}.$$

В каждом множестве $\mathbb{F}_i$ из семейства

$$\cup_{i\in G_j}\mathbb{F}_i$$

заменим тождество $g_j(\vec{x}) = 0$, если $g_j(\vec{x}) = 0$ принадлежит $\mathbb{F}_i$, на соответствующее тождество $\mathfrak{g}_{i,j,\beta}(\vec{x}) = 0$, где β - полилинейная полистепень, а каждое множество $\mathbb{F}_i$ из семейства $\cup_{i\notin G_j}\mathbb{F}_i$ заменим на множество

$$\mathbb{F}_i\backslash\{g_j(\vec{x}) = 0\}.$$

В результате получим некоторое семейство множеств $\cup\mathbb{F}'_i$ Покажем, что система тождеств $\cup\mathbb{F}'_i$ является базисом многообразия $\mathfrak{X}\mathcal{F}$. Для этого нам достаточно показать, что тождество $g_j(\vec{x}) = 0$ является следствием системы тождеств $\cup\mathbb{F}'_i$, поскольку система тождеств $\mathbb{B}_2$ является базисом многообразия $\mathfrak{X}\mathcal{F}$ и имеет место соотношение

$$\mathbb{B}_2\backslash\{g_j(\vec{x}) = 0\} \subseteq \cup\mathbb{F}'_i$$

по построению множества $\cup\mathbb{F}'_i$. Так как по определению множества $\mathbb{G}_j$ тождество $g_j(\vec{x}) = 0$ является следствием этого множества тождеств, то нам достаточно показать выводимость этого множества тождеств из множества тождеств $\cup\mathbb{F}'_i$. Поскольку для любых p и α тождества $\mathfrak{g}_{p,\alpha}(\vec{x}) = 0$ являются следствиями тождества $g_p(\vec{x}) = 0$ и

$$\sum_{\alpha\in A_p{}',p}\mathfrak{g}_{p,\alpha}(\vec{x}) = 0$$

является тождеством в многообразии $\mathfrak{R}\mathcal{F}$, то тождество

$$\sum_{\alpha\in A_j{}'}\mathfrak{g}_{i,j,\alpha}(\vec{x}) = 0$$

является следствием множества тождеств $\mathbb{F}'_i$. Отсюда непосредственно вытекает, что тождество $f_i(\vec{x}) = 0$ выводимо из множества $\mathbb{F}'_i$. Следовательно, множество тождеств $\mathbb{G}_j$ выводимо из множества тождеств $\cup\mathbb{F}'_i$.

Итак, мы убедились в том, что множество тождеств $\cup\mathbb{F}'_i$ является базисом многообразия $\mathfrak{X}\mathcal{F}$. Легко понять, что, в силу независимости базиса $\mathbb{B}_2$, некоторое подмножество множества $\cup\mathbb{F}'_i$, имеющее вид

$$\cup\mathbb{F}'_i\setminus\{\mathfrak{g}_{i,j,\beta}(\vec{x}) = 0 \mid i \in M \subseteq G_j\},$$

будет независимым базисом многообразия $\mathfrak{X}\mathcal{F}$. Так как описанную выше процедуру мы можем проделать для всех j одновременно, то многообразие $\mathfrak{X}\mathcal{F}$ действительно обладает независимым полилинейным базисом. **Теорема 10 доказана.**

Заметим, что действуя по схеме доказательства теоремы 10, несложно показать, что если многообразие $\mathfrak{X}\mathcal{F}$ (многообразие $\mathfrak{X}^1\mathcal{F}$) однородно и обладает независимым базисом, то многообразие $\mathfrak{X}\mathcal{F}$ (многообразие $\mathfrak{X}^1\mathcal{F}$) обладает независимым полиоднородным базисом. В частности, на основании теоремы 4.2.13 в [178] можно утверждать, что произвольное однородное многообразие $\mathfrak{X}\mathcal{F}$ обладает независимым полиоднородным базисом. В связи с этим замечанием, а также в связи с тем, что наличие полиоднородного базиса не гарантирует однородности многообразия $\mathfrak{X}\mathcal{F}$ (многообразия $\mathfrak{X}^1\mathcal{F}$) представляют интерес следующие два вопроса.

Вопрос 3. *Существует ли многообразие $\mathfrak{X}\mathcal{F}$ (многообразие $\mathfrak{X}^1\mathcal{F}$), обладающее полиоднородным базисом, но не обладающее независимым базисом.*

Вопрос 4. *Существует ли независимо базируемое многообразие $\mathfrak{X}\mathcal{F}$ (многообразие $\mathfrak{X}^1\mathcal{F}$), всякий полиоднородный базис которого зависим.*

Рассмотрим теперь некоторые алгоритмические вопросы, связанные с независимостью систем тождеств. Пусть $\mathfrak{X}$ - многообразие, заданное системой тождеств

$$\Sigma = \{u_i = v_i \mid i \in I\}.$$

Рассмотрим семейство многообразий

$$\mathfrak{X}_J = var\{u_i = v_i \mid J \subseteq I, i \in I \backslash J\}.$$

Очевидно, что система тождеств Σ независима тогда и только тогда, когда для любого $J \subseteq I$ в многообразии $\mathfrak{X}_J$ имеет место соотношение $\mathfrak{X}_J \not\models u_j = v_j$ для любого $j \in J$. Легко понять, что вместо семейства многообразий $\mathfrak{X}_J$, где $J \subseteq I$, достаточно рассмотреть семейство $\mathfrak{X}_{\{j\}}$, где $j \in I$. Предположим, что множество I конечно. Тогда

$$\{\mathfrak{X}_{\{j\}} \mid j \in I\}$$

является конечным семейством конечно базируемых многообразий. Если для любого $j \in I$ многообразие $\mathfrak{X}_{\{j\}}$ имеет разрешимую эквациональную теорию, то, очевидно, для любого $j \in I$ существует алгоритм для проверки истинности соотношения $\mathfrak{X}_J \not\models u_j = v_j$ в многообразии $\mathfrak{X}_{\{j\}}$. Отсюда, в силу конечности множества I, вытекает, что если для любого $j \in I$ многообразие $\mathfrak{X}_{\{j\}}$ имеет разрешимую эквациональную теорию, то существует алгоритм, определяющий является ли система Σ независимой. Существование конечно базируемых многообразий полугрупп, моноидов, групп и колец [189], [184], [182], [124] с неразрешимой эквациональной теорией делает существенным требование того, чтобы для любого $j \in I$ многообразие $\mathfrak{X}_{\{j\}}$ имеет разрешимую эквациональную теорию, и не позволяет обобщить приведенные рассуждения на случай произвольного конечного множества I. Отметим также, что условие конечности множества I существенно, поскольку из существование бесконечного множества алгоритмов не следует существование единого алгоритма [186]. Поэтому представляются уместными следующие два вопроса.

Вопрос 5. *Существует ли бесконечная система Σ тождеств полугрупп (моноидов, групп, колец) такая, что для любого $j \in I$ многообразие $\mathfrak{X}_{\{j\}}$ имеет разрешимую эквациональную теорию и не существует алгоритма, определяющего является ли система Σ независимой.*

Вопрос 6. *Существует ли конечная система Σ тождеств полугрупп (моноидов, групп, колец) такая, что не существует алгоритма,* *определяющего является ли система* Σ *независимой.*

Заметим, что в формулировках вопросов 5 и 6 не обозначена явно какая-либо массовая алгоритмическая проблема, позволяющая говорить об отсутствии алгоритма в классическом смысле (соответствующие определения см., например, в [186], [190]), поскольку мы имеем дело лишь с одной системой тождеств, а не с некоторым семейством. Поэтому построение примеров, удовлетворяющих условиям вопросов 5 и 6, требует проведения соответствующей формализации, которая может представлять самостоятельный интерес.

1. Результат теоремы 1 делает актуальным следующий вопрос.

Вопрос 7. *Верно ли, что для любой конечной сигнатуры σ следующие два утверждения эквивалентны:*

1. Существует алгоритм, определяющего по произвольной бесконечной рекурсивной системе тождеств сигнатуры σ, является ли эта система независимой.

2. Существует алгоритм, определяющего по произвольной конечной системе тождеств сигнатуры σ, является ли эта система независимой.

2. Было бы интересно получить аналоги результатов книги для квазимногообразий. В связи с этим отметим следующий вопрос.

Вопрос 8. *Существует ли алгоритм, определяющий по произвольной системе квазитождеств полугрупп [моноидов, групп, колец], является ли эта система квазитождеств независимой?*

3. Все рассуждения, проведенные при доказательстве теоремы 1 в случае групп, справедливы и в многообразии $\mathfrak{S}(l_0, m)$ (см. [182]). При этом, как отмечено в [182], $\mathfrak{S}(l_0, m)$ - разрешимое многообразие и ступень разрешимости зависит от числа l_0, где l_0 - степень целочисленного многочлена D_0, используемого при доказательстве. В частности, в [182], следуя [188], $l_0 = 6$. При этом многообразие $\mathfrak{S}(l_0, m)$ будет 7-разрешимым. При доказательстве теоремы 1 в случае групп мы используем произвольный ценочисленный многочлен D_0 такой, что $D_0[\mathbb{Z}]$ - нерекурсивное множество. В частности, можно рассмотреть тот же многочлен, что и в [182]. Поэтому можно утверждать, что не существует алгоритма, определяющего по произвольной конечной (бесконечной рекурсивной) системе тождеств 7-разрешимых групп, будет ли эта система независима. В [195] доказано, что произвольная метабелева группа конечно базируема. Поэтому всякое 1-разрешимое и 2-разрешимое многообразие конечно базируемо. Следовательно, всякая бесконечная рекурсивная система тождеств 1-разрешимых и 2-разрешимых групп не является независимой. В связи с этим можно отметить следующий вопрос.

Вопрос 9. *Существует ли алгоритм, определяющий по произвольной конечной (бесконечной рекурсивной) системе тождеств n-разрешимых групп при $2 < n < 7$, будет ли эта система независима?*

Список литературы

[1] Бабинов А.М., Морнев М.Л., Окуловский Ю.С., Попов В.Ю., Шека А.С. Базовое программное обеспечение колесного робота на базе RC-CAR AT-10ES. Научная сессия МИФИ-2008. Т.10 Интеллектуальные системы и технологии. С.221-222.

[2] Бабинов А.М., Морнев М.Л., Окуловский Ю.С., Попов В.Ю., Шека А.С. Об интеллектуальных алгоритмах управления роботами. Информационно-математические технологии в экономике, технике и образовании. Выпуск 4. Прикладные аспекты моделирования и разработки систем информационно-аналитической поддержки принятия решений. Сборник материалов 2-й Международной научной конференции, 22-24 ноября 2007 г. Екатеринбург, УГТУ-УПИ, 2008. С.169 - 175.

[3] Баклановский М.В., Корнев Д.В., Попов В.Ю. Некоторые проблемы моделирования и отладки протоколов. Проблемы теоретической и прикладной математики: Труды 37-ой Региональной молодежной конференции. Екатеринбург: УрО РАН, 2006. С. 404-407.

[4] Баклановский М.В., Корнев Д.В., Попов В.Ю. Гриды как новое поколение Интернета. Информационно-математические технологии в экономике, технике и образовании. Международная научная конференция. Тезисы докладов. Екатеринбург, 2006. С.202-203.

[5] Баклановский М.В., Морнев М.Л., Попов В.Ю. Язык описания нейронных сетей NNML. IX международная конференция "Интеллектуальные системы и компьютерные науки 23-27 октября 2006, Москва. Т.2. С.239-241.

[6] Баклановский М.В., Морнев М.Л., Попов В.Ю. О некоторых проблемах сериализации нейронных сетей. Информационно-математические технологии в экономике, технике и образова-

нии. Международная научная конференция. Тезисы докладов. Екатеринбург, 2006. С.201.

[7] Баклановский М.В., Попов В.Ю. Операционные системы нового поколения. Известия Уральского государственного университета. Компьютерные науки и информационные технологии. Выпуск 1. 2006. N 43. С.191.

[8] Баклановский М.В., Попов В.Ю. Распределенные системы с точки зрения теории вычислительной сложности. Информационно-математические технологии в экономике, технике и образовании. Международная научная конференция. Тезисы докладов. Екатеринбург, 2006. С.200.

[9] Баклановский М.В., Попов В.Ю. Об эффективности алгоритмов для распределенных систем. Тезисы докладов международной конференции "Мальцевские чтения 2006 14-16 ноября 2006. Новосибирск, 2006. Электронный ресурс: http://math.nsc.ru/conference/malmeet/06/Abstract/Baklanov.pdf

[10] Богинич А.В., Морнев М.Л., Попов В.Ю. Построение высокопроизводительного сервиса интеллектуальной обработки медицинской информации для оценки электромиографических исследований поперечно-полосатых мышц. Высокопроизводительные параллельные вычисления на кластерных системах. Материалы Девятой международной конференции-семинара, 2 -3 ноября 2009 г., Владимир. -2009. -С. 54 -57.

[11] Важенин Ю.М., Попов В.Ю. О позитивных и критических теориях некоторых классов колец. Сибирский математический журнал. 2000. Т.41.N2. С.278-283.

[12] Важенин Ю.М., Попов В.Ю. Границы разрешимости некоторых классов нильпотентных и разрешимых групп. Алгебра и логика. 2000. Т.39.N2. С.127-133.

[13] Важенин Ю.М., Попов В.Ю. О позитивных теориях классов конечных колец. Материалы международной конференции по математической логике, посвященной 90-летию со дня рождения А.И.Мальцева и 275-летию Российской академии наук: Тезисы докладов. Институт математики СО РАН, Институт дискретной математики Мин. обр. РФ. Новосибирск, 1999. С.11-12.

[14] Важенин Ю.М., Попов В.Ю. Критические теории многообразий нильпотентных и разрешимых групп. Международная алгебраическая конференция памяти А.Г.Куроша. Тезисы докладов. Москва, 1998. С.146.

[15] Важенин Ю.М., Попов В.Ю. Критические теории многообразий нильпотентных и разрешимых групп. Тезисы докладов международной конференции "Мальцевские чтения 1998 17-19 ноября 1998. Новосибирск, 1998. Электронный ресурс: http://www.math.nsc.ru/conference/malmeet/data/vajenin.htm

[16] Важенин Ю.М., Попов В.Ю. Границы разрешимости псевдомногообразий конечных полугрупп, групп и колец. 3-я международная конференция по алгебре. Сборник тезисов. Красноярск. 1993. с.61.

[17] Важенин Ю.М., Попов В.Ю. Критические теории свободных нильпотентных колец некоторых типов. Известия вузов. Математика. 1991. N3. с.74-76.

[18] Важенин Ю.М., Попов В.Ю., Шибаков А.Ю. Критические теории свободных нильпотентных колец и кольца целых чисел с делимостью. 1-я международная конференция по алгебре. Тезисы докладов по теории колец, алгебр и модулей. Новосибирск. 1989. с.28.

[19] Волков М.В., Попов В.Ю. Сложность вычислений и конечные полугруппы. Известия Уральского государственного универси-

тета. Математика. Механика. Информатика. Выпуск 6. 2004. N 30. С.185.

[20] Горбенко А.А., Лутов А.А., Морнев М.Л., Попов В.Ю. Сервис распределенной обработки информации для визуальной калибровки узлов многозвенного манипулятора. Высокопроизводительные параллельные вычисления на кластерных системах. Материалы Девятой международной конференции-семинара, 2 -3 ноября 2009 г., Владимир. -2009. -С. 116 -120.

[21] Горбенко А.А., Морнев М.Л., Попов В.Ю. Сервис высокопроизводительных вычислений для труднорешаемых задач. Высокопроизводительные параллельные вычисления на кластерных системах. Материалы Девятой международной конференции-семинара, 2 -3 ноября 2009 г., Владимир. -2009. -С. 111 -115.

[22] Горбенко А.А., Морнев М.Л., Попов В.Ю., Шека А.С. Об организации стационарного визуального наблюдения. 42-ая Всероссийская молодежная конференция "Проблемы теоретической и прикладной математики г.Екатеринбург, 31 января - 6 февраля 2011 г., С. 311 - 313.

[23] А.А. Горбенко, В.Ю. Попов. Бритва Оккама и самосознание интеллектуального робота. Международная (43-ая Всероссийская) молодежная школа-конференция "Современные проблемы математики г. Екатеринбург, 29 января - 5 февраля 2012 г., С. 211 - 213.

[24] А.А. Горбенко, В.Ю. Попов. Программирование модульных реконфигурируемых роботов. Программирование. 2012. Т. 38. N 1. С. 19-31.

[25] Горбенко А.А., Попов В.Ю. Проблема управления робототехническими комплексами: общая модель системы управления. Екатеринбург: Издательство "Бизнес Партнер 2010. 307 стр.

[26] Горбенко А.А., Попов В.Ю. Проблема управления робототехническими комплексами: модели вычислений. Екатеринбург: Издательство "Бизнес Партнер 2010. 302 стр.

[27] Горбенко А.А., Попов В.Ю. Обработка явлений генератором модулей распознавания для системы робототехнического зрения. СБОРНИК ТРУДОВ. Международная научная конференция "Параллельные вычислительные технологии 2010". Всероссийская научная конференция молодых ученых "Параллельные и распределенные вычисления". Уфимский государственный авиационный технический университет, г. Уфа, 29 марта - 2 апреля 2010 г. с. 659.

[28] Горбенко А.А., Попов В.Ю. Визуальная навигация на основе самомодифицирующихся систем распознавания. Научная сессия МИФИ-2010. Т.3 Информационно-телекоммуникационные системы. Проблемы информационной безопасности в системе высшей школы. Экономика, управление и нормативно-правовые вопросы высоких технологий. Университетское образование и инновационные образовательные технологии. М., МИФИ, 2010. С.105-106.

[29] Горбенко А.А., Попов В.Ю. Трансляция регулярных выражений генератором систем распознавания. 41-ая Всероссийская молодежная конференция "Проблемы теоретической и прикладной математики г. Екатеринбург, 31 января - 5 февраля 2010 г., С. 447 - 453.

[30] Горбенко А.А., Попов В.Ю. Генератор модулей распознавания для системы робототехнического зрения. Высокопроизводительные параллельные вычисления на кластерных системах. Материалы Девятой международной конференции-семинара, 2 -3 ноября 2009 г., Владимир. -2009. -С. 106 -110.

[31] Горбенко А.А., Попов В.Ю. Язык регулярных выражений для генератора модулей распознавания. Всероссийская конферен-

ция "Проведение научных исследований в области обработки, хранения, передачи и защиты информации Ульяновск, 1-5 декабря 2009 г. Сборник научных трудов. Т.2. Ульяновск, 2009. С.113-121.

[32] Горбенко А.А., Попов В.Ю. О построении системы управления роботом в зависимости от режима автономности. Всероссийская конференция "Проведение научных исследований в области обработки, хранения, передачи и защиты информации Ульяновск, 1-5 декабря 2009 г. Сборник научных трудов. Т.2. Ульяновск, 2009. С.105-109.

[33] А.А. Горбенко, В.Ю. Попов, А.С. Шека. Автономное подключение к источникам питания для мобильных роботов. Международная (43-ая Всероссийская) молодежная конференция "Современные проблемы математики г. Екатеринбург, 29 января - 5 февраля 2012 г., С. 214 - 216.

[34] Корнев Д.В., Попов В.Ю. Задача поиска подстроки в строке в биоинформатике. Научная сессия МИФИ-2008. Т.11 Технологии разработки программных систем. Информационные технологии. С.167-169.

[35] Малев А.Г., Попов В.Ю. Алгоритмы предсказывающего кодирования при помощи построения СДНФ. Известия УрГУ. 2006. є 43. С.45-51.

[36] Морнев М.Л., Окуловский Ю.С., Попов В.Ю., Шека А.С. Проблемы интеллектуального моделирования колесных роботов. Информационно-математические технологии в экономике, технике и образовании. Международная научная конференция. Тезисы докладов. Екатеринбург, 2007. С.229-231.

[37] Морнев М.Л., Попов В.Ю. Алгоритмы построения графических объектов для системы визуализации радара кругового обзора. Третья международная конференция "Информационно-

математические технологии в экономике, технике и образовании 20 - 22 ноября 2008 г., Екатеринбург. Тезисы докладов. УГТУ: Екатеринбург, 2008. С.7 - 8.

[38] Морнев М.Л., Попов В.Ю. Криптографические протоколы, основанные на использовании нейронных сетей. Нейроинформатика - 2008. X всероссийская научно-техническая конференция. Сборник научных трудов. Часть 1. Москва, МИФИ, 2008. С. 32 - 41.

[39] Одинцова Н.Ю., Попов В.Ю. О конечных полугруппах кодов аминокислот. Международная конференция "Современные проблемы математики, механики и их приложений посвященная 70-летию ректора МГУ академика В.А.Садовничего. Материалы конференции. 30 марта - 2 апреля 2009 года. Московский государственный университет имени М.В.Ломоносова. М.: Издательство "Университетская книга 2009. С.328.

[40] Одинцова Н.Ю., Попов В.Ю. Геномные перестройки и модели эволюции. Список - 2009: материалы межвузовской научной конференции по проблемам информатики. Екатеринбург, 20-23 апреля 2009, Екатеринбург. Екатеринбург: Издательство Уральского университета, 2009. С. 67-74.

[41] Одинцова Н.Ю., Попов В.Ю. О конечных полугруппах кодов аминокислот. Список - 2009: материалы межвузовской научной конференции по проблемам информатики. Екатеринбург, 20-23 апреля 2009, Екатеринбург. Екатеринбург: Издательство Уральского университета, 2009. С. 84-85.

[42] Окуловский Ю.С., Попов В.Ю. О сложности распознавания множества векторов одним нейроном. Математические труды. 2009. Т.12. N 1. С.130-143.

[43] Окуловский Ю.С., Попов В.Ю. О построении контуров на изображениях УЗИ и МРТ. Методы компьютерной диагности-

ки в биологии и медицине - 2008: Материалы Ежегодной Всероссийской научной школы-семинара. 3 - 5 июля 2008 года. Под ред. проф. Д.А. Усанова. - Саратов: Изд-во Сарат. ун-та, 2008. С. 82 - 83.

[44] Окуловский Ю.С., Попов В.Ю. Языки, порождаемые трансдьюсерами с магазинной памятью. Безопасность информационного пространства. Сборник трудов VI межвузовской научно-практической конференции студентов, аспирантов и молодых ученых. Тюмень: Издательство Тюменского государственного университета, 2007. С.175-176.

[45] Попов В.Ю. ДНК наномеханические устройства: Y-узлы. Екатеринбург: Издательство "Бизнес Партнер 2010. - 300 с.

[46] Попов В.Ю. Алгебраические модели для управления роботами. Научная сессия МИФИ-2010. Т.3 Информационно-телекоммуникационные системы. Проблемы информационной безопасности в системе высшей школы. Экономика, управление и нормативно-правовые вопросы высоких технологий. Университетское образование и инновационные образовательные технологии. М., МИФИ, 2010. С.126-127.

[47] Попов В.Ю. ДНК наномеханические устройства: биоинформатика. Екатеринбург: Издательство ООО "Первопечатник 2009. 338 стр.

[48] Попов В.Ю. ДНК наномеханические устройства: модели нароботов и наноинформатика. Екатеринбург: Издательство ООО "Первопечатник 2009. 310 стр.

[49] Попов В.Ю. ДНК наномеханические трансдьюсеры. Список - 2009: материалы межвузовской научной конференции по проблемам информатики. Екатеринбург, 20-23 апреля 2009, Екатеринбург. Екатеринбург: Издательство Уральского университета, 2009. С. 79-83.

[50] Попов В.Ю. ДНК наномеханические роботы и вычислительные устройства. Всероссийский конкурсный отбор обзорно-аналитических статей по приоритетному направлению "Информационно-телекоммуникационные системы 2008. - 210 с.

[51] Попов В.Ю. Сети Хемминга. Научная сессия МИФИ-2008. Т.10 Интеллектуальные системы и технологии. С.152.

[52] Попов В.Ю. Автономные днк наномеханические вычислительные устройства. Научная сессия МИФИ-2008. Т.11 Технологии разработки программных систем. Информационные технологии. С.165-167.

[53] Попов В.Ю. Медицинские автономные ДНК наномеханические роботы. Методы компьютерной диагностики в биологии и медицине - 2008: Материалы Ежегодной Всероссийской научной школы-семинара. 3 - 5 июля 2008 года. Под ред. проф. Д.А. Усанова. - Саратов: Изд-во Сарат. ун-та, 2008. С. 145 - 147.

[54] Попов В.Ю. О стоимости вычислений в распределенных системах. Информационно-математические технологии в экономике, технике и образовании. Международная научная конференция. Сборник трудов. Екатеринбург, 2007. С.26-32.

[55] Попов В.Ю. Об NP-полноте проблемы создания словаря. Математические труды. 2006. Т.9. є 1. С. 1-13.

[56] Попов В.Ю. О проблеме расшифровки ДНК гибридизацией. IX международная конференция "Интеллектуальные системы и компьютерные науки 23-27 октября 2006, Москва. Т.1. С.216-217.

[57] Попов В.Ю. Сети Хемминга. Известия Уральского государственного университета. Математика. Механика. Информатика. Выпуск 9. 2006. N 44. С.152.

[58] Попов В.Ю. Вычислительная сложность проблемы надежности сети. Известия Уральского государственного университета. Математика. Механика. Информатика. Выпуск 9. 2006. N 44. С.152.

[59] Попов В.Ю. Код минимальной длины для ДНК и задача поиска экзонов. Известия Уральского государственного университета. Математика. Механика. Информатика. Выпуск 9. 2006. N 44. С.152.

[60] Попов В.Ю. О топологии многопроцессорных систем с поддержкой высокопроизводительного широковещания. Известия Уральского государственного университета. Математика. Механика. Информатика. Выпуск 9. 2006. N 44. С.152.

[61] Попов В.Ю. О проблеме расшифровки ДНК гибридизацией. Известия Уральского государственного университета. Математика. Механика. Информатика. Выпуск 9. 2006. N 44. С.152.

[62] Попов В.Ю. О вычислительных возможностях алгоритмического универсума. Известия Уральского государственного университета. Математика. Механика. Информатика. Выпуск 9. 2006. N 44. С.152.

[63] Попов В.Ю. О мультипроцессорных системах со слабо связанными процессорами, поддерживающих высокопроизводительное широковещание. Информационно-математические технологии в экономике, технике и образовании. Международная научная конференция. Тезисы докладов. Екатеринбург, 2006. С.228-229.

[64] Попов В.Ю. Вычислительная сложность проблем, связанных с расшифровкой ДНК гибридизацией. Доклады Академии Наук. 2005. Т.403. N 3. С. 1-3.

[65] Попов В.Ю. О независимой базируемости многообразий полугрупп. Алгебра и логика. 2005. Т.44. N1. С.81-96.

[66] Попов В.Ю. О независимо разбиваемых системах квазитождеств. Известия УрГУ. 2005. N 36. С.139-144.

[67] Попов В.Ю. О проблеме создания словаря. Известия Уральского государственного университета. Математика. Механика. Информатика. Выпуск 7. 2005. N 36. С.179.

[68] Попов В.Ю. Умеет ли Природа решать алгоритмически неразрешимые проблемы? Известия Уральского государственного университета. Математика. Механика. Информатика. Выпуск 7. 2005. N 36. С.179.

[69] Попов В.Ю. О проблеме распознавания периодических слов. Известия Уральского государственного университета. Математика. Механика. Информатика. Выпуск 7. 2005. N 36. С.179.

[70] Попов В.Ю. Логическая модель проблемы существования гамильтонова цикла. Известия Уральского государственного университета. Математика. Механика. Информатика. Выпуск 7. 2005. N 36. С.179.

[71] Попов В.Ю. Статус симметрической группы. Известия Уральского государственного университета. Математика. Механика. Информатика. Выпуск 7. 2005. N 36. С.179.

[72] Попов В.Ю. О математических моделях генной эволюции. Известия Уральского государственного университета. Математика. Механика. Информатика. Выпуск 7. 2005. N 36. С.179.

[73] Попов В.Ю. Статус и диаметр полугрупп. Известия Уральского государственного университета. Математика. Механика. Инфор-матика. Выпуск 8. 2005. N 38. С.185.

[74] Попов В.Ю. Полугрупповые модели процесса рестрикции. Международная алгебраическая конференция, посвященная 250-летию Московского университета и 75-летию кафедры высшей алгебры. Тезисы докладов. Москва, 2004. С.108.

[75] Попов В.Ю. Алгоритмические проблемы для многообразий полугрупп, моноидов, групп и колец. Известия Уральского государственного университета. Математика. Механика. Информатика. Выпуск 6. 2004. N 30. С.185.

[76] Попов В.Ю. Проблема нахождения центра и медианы множества слов. Известия Уральского государственного университета. Математика. Механика. Информатика. Выпуск 6. 2004. N 30. С.185.

[77] Попов В.Ю. О проблеме SBH-ADD. Известия Уральского государственного университета. Математика. Механика. Информатика. Выпуск 6. 2004. N 30. С.185.

[78] Попов В.Ю. О независимо разбиваемых системах полугрупповых тождеств. Математические труды. 2003. Т.6. N1. С.98-154.

[79] Попов В.Ю. Об эквациональных теориях классов неассоциативных колец. Известия высших учебных заведений. Математика. 2003. N7. С.75-79.

[80] Попов В.Ю. Алгоритмические проблемы для многообразий полугрупп, моноидов, групп и колец. Издательство УрГУ. Екатеринбург. 2002. 39 стр.

[81] Попов В.Ю. О конечной базируемости многообразий полугрупп. Сибирский математический журнал. 2002. Т.43. N5. С.1130-1141.

[82] Попов В.Ю. О сложности проблемы равенства для конечно определенных коммутативных полугрупп. Сибирский математический журнал. 2002. Т.43. N6. С.1339-1349.

[83] Попов В.Ю. О позитивных теориях многообразий и псевдомногообразий полугрупп. Фундаментальная и прикладная математика. 2002. Т.8. N2. С.631-635.

[84] Попов В.Ю. О независимо базируемых многообразиях моноидов. Фундаментальная и прикладная математика. 2002. Т.8. N3. С.829-876.

[85] Попов В.Ю. О независимо разбиваемых системах тождеств. Известия Уральского государственного университета. Математика. Механика. Информатика. Выпуск 4. 2002. N 22. С.188.

[86] Попов В.Ю. О независимо разбиваемых системах квазитождеств. Известия Уральского государственного университета. Математика. Механика. Информатика. Выпуск 4. 2002. N 22. С.188.

[87] Попов В.Ю. Об эквациональных теориях классов конечных полугрупп. Алгебра и логика. 2001. Т.40. N1. С.97-116.

[88] Попов В.Ю. Критические теории многообразий полугрупп с перестановочным тождеством. Сибирский математический журнал. 2001. Т.42. N1. С.153-155.

[89] Попов В.Ю. Многообразие колец, не обладающее независимым базисом. Математические заметки. 2001. Т.69. N5. С.713-732.

[90] Попов В.Ю. О проблеме выводимости тождеств в конечных кольцах. Известия вузов. Математика. 2001. N9. С.51-58.

[91] Попов В.Ю. О разрешимости эквациональных теорий покрытий многообразий полугрупп. Сибирский математический журнал. 2001. Т.42. N6. С.1361-1374.

[92] Попов В.Ю. О проблеме покрытия для многообразий полугрупп. International conference MATHEMATICAL LOGIC, ALGEBRA AND SET THEORY dedicated to the 100-th anniversary of P.S.Novikov. Abstracts. Steklov Mathematical Institute. Moscow M.V.Lomonossov State University. Moscow State Pedagogical University. Moscow, 2001. P.39.

[93] Попов В.Ю. О независимости систем групповых тождеств. Конференция по теории групп. 17-21 декабря 2001 г. Тезисы докладов. Екатеринбург, 2001. С.187-188.

[94] Попов В.Ю. О марковских свойствах многообразий нильполугрупп. Тезисы докладов международной конференции "Мальцевские чтения 2001 21-23 ноября 2001. Новосибирск, 2001. С.1-3. Электронный ресурс: http://math.nsc.ru/conference/malmeet/01/08_popo.ps

[95] Попов В.Ю. О независимых системах тождеств. Известия Уральского государственного университета. Математика. Механика. Информатика. Выпуск 3. 2001. N 18. С.197.

[96] Попов В.Ю. Алгоритмические проблемы для многообразий полугрупп и колец. Известия Уральского государственного университета. Математика. Механика. Информатика. Выпуск 3. 2001. N 18. С.197.

[97] Попов В.Ю. О связи проблемы равенства и разрешимости эквациональной теории. Сибирский математический журнал. 2000. Т.41.N5. С.1122-1125.

[98] Попов В.Ю. Неразрешимость проблемы равенства в относительно свободных кольцах. Математические заметки. 2000. Т.67. N4. С.582-594.

[99] Попов В.Ю. Об эквациональных теориях многообразий полугрупп. Известия УрГУ. 2000. N 18. С.162-175.

[100] Попов В.Ю. О некоторых алгоритмических проблемах, связанных с многообразиями неассоциативных колец. Математические труды. 2000. Т.3. N2. С.146-170.

[101] Попов В.Ю. Об эквациональных теориях многообразий колец конечной характеристики. Фундаментальная и прикладная математика. 2000. Т.6. N4. С.1193-1203.

[102] Попов В.Ю. Многообразие полугрупп, не имеющее независимого базиса. IV международная алгебраическая конференция посвященная 60-летию профессора Юрия Ивановича Мерзлякова. Тезисы докладов. 7-11 августа 2000г. Новосибирск. Издательство института математики. 2000. С.147-148.

[103] Попов В.Ю. О проблеме распознавания эквациональной рекурсивности. Логика и приложения. Тезисы международной конференции, посвященной 60-летию со дня рождения академика Ю.Л.Ершова. Новосибирск, 4-6 мая 2000 г. ИДМИ, ИМ СО РАН, НГУ. С.84.

[104] Попов В.Ю. Об эквациональных теориях многообразий антикоммутативных колец. Математические заметки. 1999. N2. С.230-245.

[105] Попов В.Ю. Об эквациональных теориях классов конечных колец. Сибирский математический журнал. 1999. Т.40.N3. С.666-675.

[106] Попов В.Ю. О проблеме выводимости тождеств в многообразиях колец. Сибирский математический журнал. 1999. Т.40.N5. С.1121-1126.

[107] Попов В.Ю. О зависимых системах тождеств. Деп. в ВИНИТИ 29.10.99 N3231-B99. 62 стр.

[108] Попов В.Ю. О некоторых алгоритмических свойствах классов полугрупп и колец. Деп. в ВИНИТИ 6.7.99 N2203-B99. 145 стр.

[109] Попов В.Ю. О некоторых алгоритмических свойствах бесконечных систем тождеств. Деп. в ВИНИТИ 29.10.99 N3229-B99. 84 стр.

[110] Попов В.Ю. О некоторых свойствах бесконечных систем тождеств. Деп. в ВИНИТИ 29.10.99 N 3228-B99. 64 стр.

[111] Попов В.Ю. О некоторых алгоритмических свойствах многообразий моноидов. Деп. в ВИНИТИ 29.10.99 N 3232-В99. 98 стр.

[112] Попов В.Ю. О многообразиях колец с условием покрытия. Деп. в ВИНИТИ 25.11.99 N 3165-В99. 63 стр.

[113] Попов В.Ю. О тождествах полугрупп и колец. Деп. В ВИНИТИ 24.11.99 N 3461-В99. 85 стр.

[114] Попов В.Ю. О некоторых алгоритмических свойствах систем полугрупповых тождеств. Деп. в ВИНИТИ 24.11.99 N 3462-В99. 78 стр.

[115] Попов В.Ю. Об эквациональных теориях классов полугрупп. II международная конференция "Полугруппы: теория и приложения"в честь профессора Е.С.Ляпина. Тезисы докладов. Санкт-Петербург, 1999г. С.94-95.

[116] Попов В.Ю. О проблеме выводимости тождеств в конечных полугруппах и кольцах. Материалы международной конференции по математической логике, посвященной 90-летию со дня рождения А.И.Мальцева и 275-летию Российской академии наук: Тезисы докладов. Институт Математики СО РАН, Институт дискретной математики Мин. Обр. РФ. Новосибирск, 1999. С.50-52.

[117] Попов В.Ю. Об эквациональных теориях классов неассоциативных колец. Универсальная алгебра и ее приложения. Тезисы докладов международного семинара, посвященного памяти профессора Л.А.Скорнякова. Волгоград, 6-11 сентября 1999г. Волгоград: Перемена. 1999. С.54.

[118] Попов В.Ю. Об эквациональных теориях классов полугрупп и неассоциативных колец. Известия Уральского государственного университета. Математика. Механика. Информатика. Выпуск 2. 1999. N 14. С.167.

[119] Попов В.Ю. О разрешимости эквациональных теорий многообразий колец. Математические заметки. 1998. N6. С.873-881.

[120] Попов В.Ю. Об эквациональных теориях классов неассоциативных колец. Тезисы докладов международной конференции "Мальцевские чтения 1998 17-19 ноября 1998. Новосибирск, 1998. Электронный ресурс: http://www.math.nsc.ru/conference/malmeet/data/popovvj.htm

[121] Попов В.Ю. Критические теории многообразий нильпотентных колец. Сибирский математический журнал. 1997. Т.38.N1. С.182-192.

[122] Попов В.Ю. О разрешимости проблемы равенства в относительно свободных кольцах. Международная алгебраическая конференция памяти Д.К. Фаддеева. Тезисы докладов. Санкт-Петербург. 1997. с.259-260.

[123] Попов В.Ю. Критические теории многообразий колец. Издательство УрГУ. Екатеринбург. 1995. 11 стр.

[124] Попов В.Ю. Эквациональные теории многообразий метабелевых и коммутативных колец. Алгебра и логика. 1995. Т.34.N3. С.347-361.

[125] Попов В.Ю. Критические теории над-ассоциативно-коммутативных многообразий колец. Сибирский математический журнал. 1995. Т.36.N6. С.1364-1374.

[126] Попов В.Ю. О проблеме выводимости тождеств для колец. 3-я международная конференция по алгебре. Сборник тезисов. Красноярск. 1993. с. 272.

[127] Попов В.Ю. О рекурсивности эквациональных теорий многообразий колец. 2-я международная конференция по алгебре посвященная памяти А.И. Ширшова. Сборник тезисов. Барнаул. 1992. с.113.

[128] Попов В.Ю. Об эквациональных теориях метабелевых и коммутативных колец. Вторые математические чтения памяти М.Я.Суслина. Сборник тезисов. Саратов. 1991. с.91.

[129] Попов В.Ю. О критических теориях над-коммутативно-ассоциативных многообразий колец. Одиннадцатая межреспубликанская конференция по математической логике. Сборник тезисов. Казань. 1991. с.87.

[130] Попов В.Ю. Разрешимые теории йордановых колец. X Всесоюзная конференции по математической логике. Тезисы докладов. Алма-Ата. 1990. с.134.

[131] Попов В.Ю. Разрешимые теории альтернативных колец. Советско-французский коллоквиум по теории моделей. Тезисы докладов. Караганда. 1990. с.41.

[132] Попов В.Ю., Шека А.С. Моделирование РНК-сенсоров на основе принципа минимизации свободной энергии. Проблемы теоретической и прикладной математики: Труды 40-ой Региональной молодежной конференции. Екатеринбург: УрО РАН, 2009. С.181-185.

[133] Попов В.Ю., Шека А.С. Метаморфные роботы. Третья международная конференция "Информационно-математические технологии в экономике, технике и образовании 20 - 22 ноября 2008 г., Екатеринбург. Тезисы докладов. УГТУ: Екатеринбург, 2008. С.47 - 49.

[134] Popov V. Critical thiories of varieties of nilpotent rings. Тезисы докладов алгебраической конференции. Нижний Новгород. 1995. с.91.

[135] Popov V., Volkov M. Complexity of checking identities and quasi-identities in finite semigroups. Международная алгебраическая конференция, посвященная памяти З.И.Боревича. Тезисы докладов. Санкт-Петербург, 17-23 сентября, 2002. С.143.

[136] Gorbenko A., Lutov A., Mornev M., Popov V. Algebras of Stepping Motor Programs. Applied Mathematical Sciences. 2011. Vol. 5, No. 34, P.1679 - 1692.

[137] A. Gorbenko and V. Popov, Robot Self-Awareness: Occam's Razor for Fluents, International Journal of Mathematical Analysis, 2012, vol. 6, no. 30, 1453-1455

[138] A. Gorbenko and V. Popov, The Force Law Design of Artificial Physics Optimization for Robot Anticipation of Motion, Advanced Studies in Theoretical Physics, 2012, vol. 6, no. 13, 625-628

[139] A. Gorbenko and V. Popov, On the Optimal Reconfiguration Planning for Modular Self-Reconfigurable DNA Nanomechanical Robots, Advanced Studies in Biology, 2012, vol. 4, no. 2, 95-101.

[140] A. Gorbenko and V. Popov, Programming for Modular Reconfigurable Robots, Programming and Computer Software, vol. 38, no. 1, pp. 13-23, January 2012.

[141] Mikushina Y., Popov V. Approximate periods. International algebraic conference. Ekaterinburg, August 29 - September 3, 2005. Ekaterinburg, Ural University Publisher, 2005. P.196-197.

[142] Yu. S. Okulovskii and V. Yu. Popov. On the Complexity of Recognizing a Set of Vectors by a Neuron Siberian Advances in Mathematics. 20, No.4, 293-300 (2010).

[143] Popov V. Arc-preserving subsequences of arc-annotated sequences. Acta Universitatis Sapientiae. Informatica. 2011. V.3 N 1. P. 35-47.

[144] Popov V. The Longest Common Subsequence Problem for Arc-Annotated Sequences. International Mathematical Forum. 2011. Vol. 6. no. 43. P.2133-2141.

[145] Popov V. Sorting by prefix reversals. IAENG International Journal of Applied Mathematics. 2010. V. 40. N 4. P. 24-27.

[146] Popov V. The Approximate Period Problem. IAENG International Journal of Computer Science. 2009. V. 36. N 4. P. 268-274.

[147] Popov V. Multiple genome rearrangement by swaps and by element duplications. Theoretical Computer Science. 2007. V.385. N.1-3. P.115-126.

[148] Popov V. The Word Problem for Relatively Free Semigroups. Semigroup Forum. 2006. V. 72. N. 1. P. 1-14.

[149] V. Yu. Popov. NP-Completeness of the Dictionary Generation Problem. Siberian Advances in Mathematics. 16, No.3, 115-127 (2006).

[150] Popov, V.Yu. Computational complexity of problems related to DNA sequencing by bybridization. Doklady Mathematics. 72, No. 1, 642-644 (2005).

[151] Popov, V.Yu. The property of having an independent basis in semigroup varieties. Algebra and Logic. 44, No. 1, 46-54 (2005).

[152] Popov V. Status of the symmetric group. International algebraic conference. Ekaterinburg, August 29 - September 3, 2005. Ekaterinburg, Ural University Publisher, 2005. P.91-92.

[153] Popov V. The approximate period problem for DNA alphabet. Theoretical Computer Science. 2003. V.304. N1-3. P. 443-447.

[154] Popov, V. Yu. Markov properties of Burnside varieties of semigroups. Algebra and Logic. 42, No. 1, 54-60 (2003).

[155] Popov, V.Yu. On equational theories of classes of nonassociative rings. Russian Mathematics. 47, No. 7, 75-79 (2003).

[156] Popov, V.Yu. On the finite basis property for semigroup varieties. Siberian Mathematical Journal. 43, No.5, 910-919 (2002).

[157] Popov, V.Yu. On the complexity of the word problem for finitely presented commutative semigroups. Siberian Mathematical Journal. 43, No.6, 1086-1093 (2002).

[158] Popov, V.Yu. On some algorithmic problems related to varieties of nonassociative rings. Siberian Advances in Mathematics. 11, No.2, 60-82 (2001).

[159] Popov, V.Yu. Equational theories for classes of finite semigroups. Algebra and Logic. 40, No.1, 55-66 (2001).

[160] Popov, V.Yu. Critical theories of varieties of semigroups satisfying a permutation identity. Siberian Mathematical Journal. 42, No.1, 134-136 (2001).

[161] Popov, V. Yu. A ring variety without an independent basis. Mathematical Notes. 69, No. 5, 657-673 (2001).

[162] Popov, V.Yu. Decidability of equational theories of coverings of semigroup varieties. Siberian Mathematical Journal. 42, No.6, 1132-1141 (2001).

[163] Popov, V.Yu. On a connection between the word problem and decidability of the equational theory. Siberian Mathematical Journal. 41, No.5, 921-923 (2000).

[164] Popov, V.Yu. Undecidability of the word problem in relatively free rings. Mathematical Notes. 67, No.4, 495-504 (2000).

[165] Popov, V.Yu. On equational theories of varieties of anticommutative rings. Mathematical Notes. 65, No.2, 188-201 (1999).

[166] Popov, V.Yu. On equational theories of classes of finite rings. Siberian Mathematical Journal. 40, No.3, 556-564 (1999).

[167] Popov, V.Yu. On the problem of the derivability of identities in varieties of rings. Siberian Mathematical Journal. 40, No.5, 948-953 (1999).

[168] Popov, V.Yu. On the decidability of equational theories of varieties of rings. Mathematical Notes. 63, No.6, 770-776 (1998).

[169] Popov, V. Yu. Critical theories of varieties of nilpotent rings. Siberian Mathematical Journal. 38, No. 1, 155-164 (1997).

[170] Popov, V.Yu. Equational theories for the varieties of metabelian and commutative rings. Algebra and Logic. 34, No.3, 192-200 (1995).

[171] Popov, V.Yu. Critical theories of supervarieties of the variety of commutative associative rings. Siberian Mathematical Journal. 36, No.6, 1184-1193 (1995).

[172] Vazhenin, Yu.M.; Popov, V.Yu. Decidability boundaries for some classes of nilpotent and solvable groups. Algebra and Logic. 39, No.2, 73-77 (2000).

[173] Vazhenin, Yu.M.; Popov, V.Yu. On positive and critical theories of some classes of rings. Siberian Mathematical Journal. 41, No.2, 224-228 (2000).

[174] Vazhenin, Yu.M.; Popov, V.Yu. The critical theories of free nilpotent rings of some types. Soviet Mathematics. 35, No.3, 71-73 (1991).

[175] Адян С. И. Проблема Бернсайда и тождества в группах. М.: Наука. 1975.

[176] Айзенштат А. Я. О покрытиях в решетке многообразий полугрупп // Современ. анализ и геометрия. Ленинград. 1972. С. 3 - 11.

[177] Аршон С. Е. Доказательство существования n-значных бесконечных асимметричных последовательностей // Матем. сб. 1937. Т. 2(44). №4. С. 769 - 779.

[178] Бахтурин Ю. А. Тождества в алгебрах Ли. М.:Наука. 1985.

[179] Бахтурин Ю. А., Ольшанский А. Ю. Алгебра-2. Тождества. Итоги науки и техники. Сер. "АЛГЕБРА. ТОПОЛОГИЯ. ГЕОМЕТРИЯ"Т. 18. Москва. 1988.

[180] Жевлаков К. А., Слинько А. М., Шестаков И. П., Ширшов А. И. Кольца, близкие к ассоциативным. М.: Наука, 1978.

[181] Зимин А. И. Блокирующие множества термов // Матем. сб. 1982. Т. 119. С. 363 - 375.

[182] Клейман Ю. Г. О тождествах в группах // Труды ММО. 1982. Т. 44. С. 62 - 108.

[183] Клейман Ю. Г. О некоторых вопросах теории многообразий групп // Изв. АН СССР. Сер. матем. 1983. Т. 47. №1. С. 37 - 74.

[184] Коуровская тетрадь, 10-е изд. Новосибирск, 1986.

[185] Мальцев А. И. Алгебраические системы. М.:Наука, 1970.

[186] Мальцев А. И. Алгоритмы и рекурсивные функции. М.:Наука, 1965.

[187] Матиясевич Ю. В. Диофантовость перечислимых множеств // ДАН СССР. 1970. Т. 191. №2. С. 279 - 282.

[188] Матиясевич Ю. В. Диофантово множество // В кн.: Математическая энциклопедия. Т.2. М., 1979.

[189] Мурский В. Л. Несколько примеров многообразий полугрупп // Матем. заметки. 1968. Т. 3. №6. С. 663 - 670.

[190] Роджерс Х. Теория рекурсивных функций и эффективная вычислимость. М.:Мир, 1972.

[191] Сапир М. В. Проблемы бернсайдовского типа и конечная базируемость в многообразиях полугрупп // Изв. АН СССР, сер. матем. 1987. Т. 51. №2. С. 319 - 340.

[192] Сапир М. В. Ограниченная проблема Бернсайда для многообразий полугрупп // Изв. АН СССР. Сер. мат. 1991. Т. 55. №3. С. 670 - 679.

[193] Шеврин Л. Н., Волков М. В. Тождества полугрупп // Известия высших учебных заведений. Математика. 1985. №11. С. 3 - 47.

[194] Bean D. R., Ehrenfeucht A., McNulty G. Avoidable patterns in strings of simbols // Pacific J. Math. 1979. V. 85 P. 261 - 294.

[195] Cohen D. E. On the laws of a metabelian variety // J. Algebra. 1967. V.5, №3. P. 267 - 273.

[196] Jacobson N. Structure of rings. AMS: Providence, Rhode Island, 1956.

[197] Kharlampovich O. G., Sapir M. V. Algorithmic problems in varieties // Internat. J. Algebra Comput. 1995. V. 5, №4 - 5. P. 379 - 602.

[198] Matiyasevich J., Robinson J. Reduction of an arbitrary Diophantine equation to one in 13 unknowns // Acta Arithmetica. 1975. V.27. P. 521 - 553.

[199] Perkins P. Decision problems for equational theories of semigroups and general algebras // Ph. D. thesis. Univ. of California. Berkeley. Calif. 1966.

[200] Pollak G. Some lattices of varieties containing elements without cover// Noncommutative structures in algebra and geometric combinatorics. Rome. 1981. P. 91 - 96.

[201] Thue A. Über unendliche Zeichenreihen // Norske Vid. Selsk. Skr., I. Mat. Nat. Kl., Christiana, 7:1-22, 1906.

◎

编辑手记

这是一本引进版权的俄文版学术著作. 从广义上讲它可以视为一本数学专著. 关于这类著作,杨振宁先生有一个轶事. 他说:“大约在十年前,我在韩国汉城①做演讲,开个即兴玩笑说,现今只有两类现代数学著作,一类是你看完第一页就不想看去了,另一类是你看完第一句话就不想看下去了. 后来《数学情报员》杂志还把我这个玩笑刊登出来,但是我猜想,很多数学家都会同意我的看法.”②

本书完全属于后一类,但你读不下去并不代表无价值,相反在今天这个数学方法无处不在的环境中,此书的价值还是非常之大的.

本书的书名可译为《代数、生物信息和机器人技术的算法问题. 第四卷,独立恒等式系统》. 作者弗拉基米尔·波波夫,俄罗斯人,1992 年毕业于乌拉尔联邦大学数学力学系. 2002 年,他完成论文答辩,获得了物理数学科学博士学位,目前担任乌拉尔联邦大学数学和计算机科学学院智能系统与机器人技术系主任.

---

① 今首尔.

② 摘自《杨振宁的科学世界:数学与物理的交融》,季理真、林开亮主编,高等教育出版社,2018.

大家对俄罗斯的学位制度可能都有所了解,他们的副博士就足以相当于我们的博士.他们这个博士学位非常难获得,有点像法国的国家博士.为什么我们在这要强调出身和学位?那是因为,现在伪科学和民科在此领域经常出没,防不胜防,加之笔者学术鉴赏力有限,唯恐一朝出错,贻笑于大方之家.

本书作者在绪论中介绍说:

《代数、生物信息和机器人技术的算法问题》系列图书以所研究的三种领域中组合思想具有的共性为基础,系统地介绍了代数、生物信息和机器人技术领域的算法问题.通过对算法问题及其解决方法的深入研究,我们很自然地意识到,我们被数据字符串和组合方案所包围着.它们的性质包罗万象,但又并不明显取决于所研究对象的性质.尽管类似多面性的例子非常少见,而可以追溯的联系也相对较弱,但在解决与各种不同知识领域相关的算法问题时,对组合规律性的寻找有着非常重要的意义.这正是编写《代数、生物信息和机器人技术的算法问题》系列图书的原因.

一般而言,在本系列中所展示的图书是相互无关的,它们对于相关领域的专业人士来说有着独立意义.然而本系列图书的主要价值在于,在一个统一的文本框架内,对不同知识领域的算法问题进行阐述,并追溯目前它们之间所显现出来的联系与过渡.本系列图书能够为进一步寻求通用组合规律性打下良好的基础.也许在阅读本系列图书之后,半群论领域的专家会对机器人技术感兴趣,或者生物信息学领域的专家对代数感兴趣……

本系列图书中所选用的大部分材料都来自于作者的博士论文《半群、类群、群和环的流形算法问题》,该论文由其 2002 年在叶卡捷琳堡市的俄罗斯科学院乌拉尔分部的数学和力学研究所完成.本系列图书中也体现了作者的最新研究成果.本系列图书中的材料很大一部分都是新的、之前从未公布过的研究成果.

《代数、生物信息和机器人技术的算法问题.第四卷,独立恒等式系统》是该系列图书的第四本.本书主要对单独恒等式组独立性的相关问题进行了介绍,尤其是证明了不存在根据半群(群、环)的任意有限(无限递归)恒等式组确定其是否为独立的算法.值得注意的是,近年来,类似问题的提出不仅得到了纯粹的理论解释,而且得到了非常重要的实践证明.在机器人技术综合系统的半群模型中,半群中的相等性与机器人技术综合系统中结构的等效性相对应.因此,恒等式的运用能够显著缩减机器人技术综合系统的描述,推迟组合爆炸.在这种情况下,对恒等式系统独立性的研究能够为机器人技术综合系统的描述提供重要的优化工具.正如前文所指出的,本书中很大一部分内容为首次对外出版.

其实编辑应该有解读所编图书内容的能力,可惜目前国内大多数编辑并不具备这样的能力,所以只能靠作者自行解决.有这样一个完美案例,近期,由北京师范大学张江团队发表的文章 *A general deep learning framework for network reconstruction and dynamics learning* 在期刊 *Applied Network Science* 上刊登,这篇文章提出了一种基于深度学习的数据驱动模型,可以从节点的时间演化数据中重构出网络结构,并且学习到系统的动力学.第一作者张章对该文章的内容进行了深入浅出的解读.

寻找复杂系统背后的简单规则

复杂性科学的一个迷人之处就在于从复杂的显现背后抽取出简单的规则来,以复现我们观察到的复杂性.例如,下面介绍的生动模型就用数十行代码活生生地模拟出了一群苍蝇的飞舞行为.

人工生命建模的经典模型——Floy 模型,这个模型初始设定非常简单:

1.首先找到和自己最近的几只(邻居数)的 Floy 作为自己的邻居;

2.对于每个邻居,如果它是自己的同类那么就分别计算与这些邻居之间的距离,如果太近就朝向远离这个邻居的方向加速,否则就朝着靠近这个邻居的方向加速.

在这两条基本规则的驱动下,整个系统呈现出美妙的现象,就如同一群鸟一样,它们聚合、分散,轨迹优美,甚至可以绕过障碍.从某种程度上,我们可以说,Floy 模型通过三条简单的规律,很好地对真实的鸟群生命“进行了建模”.

事实上,诸如此类的例子还有很多.例如,经典的 Boid 模型就是利用靠近、对齐、分离这三条简单规则复现出了类似真实鸟群飞行的行为;蚁群算法则可以利用蚂蚁与信息素相互作用的简单规则复现蚂蚁群体的觅食行为,甚至还能和真实蚂蚁一样找到最短觅食路径;张江团队之前发表在 *Nature Communications* 上的工作则同样利用极其简单的规则复现出了真实城市的宏观生长现象和人口、道路、经济交互等微观要素的空间分布.无论是躁动的股票市场还是瞬息万变的气象世界,甚或是横跨全球的生态系统,它们都可以被一些基于简单规则的模拟系统来仿真、理解.

然而,面对一个真实的复杂系统,我们应该如何建立这样的简单模型呢?这些把握住系统本质的简单规则从何而来?对于 Floy 模型而言,这些规则来源于模型作者的观察和精确假设.然而对于更复杂的系统,例如基因调控系统,社会经济系统,面对庞杂的数据和复杂的系统状态,我们要如何做出假设?有没有可能设计出一个自动化的系统,能够通过观察数据,而自动对各式复杂系统建模?可以说,数十年来,人们都没有很好地解答这个问题.

近期,我们发表的文章则尝试解答了这个问题.我们提出了一种通用的,基于深度学习的网络结构和动力学重构方法.这种方法可以在未知节点之间的连接关系的情况下,通过对节点演化数据的观察推测出网络的连接结构,并且可以使用神经网络建模节点之间互动的动力学法则,进一步对节点未来的状态进行准确的预测.最关键的,是它可以针对完全不同的系统(连续的、离散的)来自动构建模型,将该模型表达为一个静态网络和一个用神经网络表示的动力学演化规则.

问题和方法框架

让我来用一个简单的例子说明我们关注的问题,并且解释我们解决这个问题的方法框架.假设在一个二维光滑平面内有几个小球,有一些小球之间连接着弹簧.赋予每一个小球一个任意的初速度,整个弹簧小球系统就会运动起来.

现在,我们的问题是,如果我们并不知道小球之间的弹簧是怎样连接的,也不知道是什么物理规则在推动小球运动.我们能观测到的,只有这个系统中的每个小球在不同时刻的位置和速度.在每一时刻,小球的位置和速度都可以构成一个四维向量(x,y,V_x,V_y).如果系统由 N 个小球组成,持续观察 T 个时间步,我们就获得了一个维度为$N*T*4$ 的张量.我们的任务就是通过这个张量去推测所有的弹簧是如何连接的,并且还需要做出关于未来时刻每一个小球的位置和速度的预测.

通过对系统的观测来重构系统各部分之间的连接关系被称为网络重构问题,而建模系统各个节点之间的作用规则并且预测未来节点状态的问题被称为动力学预测问题.我们解决这两个问题的基本思路是,在一个复杂系统中,无论动力学方程如何,每个节点都会通过某种函数汇聚邻居信息,这些信息决定了这个节点的下一时刻状态,因此我们将通过可微分的方式生成节点之间的连接方式的表示(即邻接矩阵),并且使用图网络建模节点之间的动力学.

总体上,有了网络结构和动力学,我们即可使用图网络的方式模拟系统正向运动的过程,并通过深度学习中常用的反向传播和梯度下降方法来调整这个过程的参数.随着训练的进行,我们逐渐获得了一个可以生成准确的邻接矩阵的网络结构生成器,也得到了可以建模节点间互动动力学法则的动力学预测器.

弹簧小球模型是一个便于理解的模型,我们所要解决的问题与前文举例的弹簧小球模型虽然十分相似,但却更为复杂.例如,在复杂系统中广泛存在着同步现象:并排挂在墙上的两个钟摆无论从怎样的初始状态开始摆动,最终都会趋于同步.此外,还有闪烁的萤火虫,鼓掌的人群,等等,人们发明了一种高度非线性的动力学方程:Kuramoto 模型来建模这种同步现象,这便是我们要重构的目标之一.除 Kuramoto 模型之外,我们还重构了在物理学中被广泛用于研究时空混沌系统的耦合晶格(Coupled Map Lattice)模型和在生物网络和社会网络中被广泛应用的布尔网络模型.

值得一提的是,我们重构的动力学模型不但全部是非线性模型,而且也都能通过调整不同的控制参数展现混沌和非混沌的状态.无论我们要重构的动力系统有多复杂,我们都将用同一种方法,甚至是同一套超参数,以端到端的方式将其重构出来.

回过头来再看看本书的基本内容,佟雨繁编辑为大家翻译了本书的目录如下：

看上去这完全是一本数学的专著，但它却有着重要的应用价值.

在过去的 2019 年，华为公司因为种种原因被推到了风口浪尖上，这些大是大非，绝非我们这些社会底层人士可以妄议的. 但有一点是肯定的，那就是华为对数学的重视. 任正非强调要重视基础学科，重视科学研究中的基础理论，是有其国际社会经济发展普遍规律和自身企业实际经验做依托的. 他对数学格外青睐，曾在全国科学大会上讲数学的重要性，对于年轻人上大学读研究生没有几个愿意读数学表示深深的忧虑. 他说："中国要踏踏实实在数学、物理、化学、神经学、脑科学等方面努力去改变，我们（才）可能在这个世界上站起来." 他现身说法："大家今天讲 5G 标准对于人类社会有多么厉害，怎么会想到，5G 标准源于十多年前土耳其 Arikan 教授的一篇数学论文？Arikan 教授发表这篇论文两个月后，被我们发现了，我们就开始以这个论文为中心研究各种专利，一步步研究解题，共投入数千人. 十年时间，我们就把土耳其教授数学论文变成技术和标准." 当然，华为后续与这位教授一直进行深度合作. 这样的例证在华为还有不少.

谁也说不准本书的作者会不会是下一个 Arikan！

刘培杰
2020 年 8 月
于哈工大

刘培杰数学工作室
已出版(即将出版)图书目录——原版影印

书　　名	出版时间	定　价	编号
数学物理大百科全书.第1卷	2016—01	418.00	508
数学物理大百科全书.第2卷	2016—01	408.00	509
数学物理大百科全书.第3卷	2016—01	396.00	510
数学物理大百科全书.第4卷	2016—01	408.00	511
数学物理大百科全书.第5卷	2016—01	368.00	512

zeta 函数,q-zeta 函数,相伴级数与积分	2015—08	88.00	513
微分形式:理论与练习	2015—08	58.00	514
离散与微分包含的逼近和优化	2015—08	58.00	515
艾伦·图灵:他的工作与影响	2016—01	98.00	560
测度理论概率导论,第2版	2016—01	88.00	561
带有潜在故障恢复系统的半马尔柯夫模型控制	2016—01	98.00	562
数学分析原理	2016—01	88.00	563
随机偏微分方程的有效动力学	2016—01	88.00	564
图的谱半径	2016—01	58.00	565
量子机器学习中数据挖掘的量子计算方法	2016—01	98.00	566
量子物理的非常规方法	2016—01	118.00	567
运输过程的统一非局部理论:广义波尔兹曼物理动力学,第2版	2016—01	198.00	568
量子力学与经典力学之间的联系在原子、分子及电动力学系统建模中的应用	2016—01	58.00	569

算术域	2018—01	158.00	821
高等数学竞赛:1962—1991年的米洛克斯·史怀哲竞赛	2018—01	128.00	822
用数学奥林匹克精神解决数论问题	2018—01	108.00	823
代数几何(德语)	2018—04	68.00	824
丢番图逼近论	2018—01	78.00	825
代数几何学基础教程	2018—01	98.00	826
解析数论入门课程	2018—01	78.00	827
数论中的丢番图问题	2018—01	78.00	829
数论(梦幻之旅):第五届中日数论研讨会演讲集	2018—01	68.00	830
数论新应用	2018—01	68.00	831
数论	2018—01	78.00	832

刘培杰数学工作室
已出版(即将出版)图书目录——原版影印

书　　名	出版时间	定　价	编号
湍流十讲	2018－04	108.00	886
无穷维李代数:第3版	2018－04	98.00	887
等值、不变量和对称性:英文	2018－04	78.00	888
解析数论	2018－09	78.00	889
《数学原理》的演化:伯特兰・罗素撰写第二版时的手稿与笔记	2018－04	108.00	890
哈密尔顿数学论文集(第4卷):几何学、分析学、天文学、概率和有限差分等	2019－05	108.00	891
偏微分方程全局吸引子的特性:英文	2018－09	108.00	979
整函数与下调和函数:英文	2018－09	118.00	980
幂等分析:英文	2018－09	118.00	981
李群,离散子群与不变量理论:英文	2018－09	108.00	982
动力系统与统计力学:英文	2018－09	118.00	983
表示论与动力系统:英文	2018－09	118.00	984
初级统计学:循序渐进的方法:第10版	2019－05	68.00	1067
工程师与科学家微分方程用书:第4版	2019－07	58.00	1068
大学代数与三角学	2019－06	78.00	1069
培养数学能力的途径	2019－07	38.00	1070
工程师与科学家统计学:第4版	2019－06	58.00	1071
贸易与经济中的应用统计学:第6版	2019－06	58.00	1072
傅立叶级数和边值问题:第8版	2019－05	48.00	1073
通往天文学的途径:第5版	2019－05	58.00	1074
拉马努金笔记.第1卷	2019－06	165.00	1078
拉马努金笔记.第2卷	2019－06	165.00	1079
拉马努金笔记.第3卷	2019－06	165.00	1080
拉马努金笔记.第4卷	2019－06	165.00	1081
拉马努金笔记.第5卷	2019－06	165.00	1082
拉马努金遗失笔记.第1卷	2019－06	109.00	1083
拉马努金遗失笔记.第2卷	2019－06	109.00	1084
拉马努金遗失笔记.第3卷	2019－06	109.00	1085
拉马努金遗失笔记.第4卷	2019－06	109.00	1086
数论:1976年纽约洛克菲勒大学数论会议记录	2020－06	68.00	1145
数论:卡本代尔1979:1979年在南伊利诺伊卡本代尔大学举行的数论会议记录	2020－06	78.00	1146
数论:诺德韦克豪特1983:1983年在诺德韦克豪特举行的Journees Arithmetiques数论大会会议记录	2020－06	68.00	1147
数论:1985－1988年在纽约城市大学研究生院和大学中心举办的研讨会	2020－06	68.00	1148
数论:1987年在乌尔姆举行的Journees Arithmetiques数论大会会议记录	2020－06	68.00	1149

刘培杰数学工作室
已出版(即将出版)图书目录——原版影印

书　　名	出版时间	定　价	编号
数论:马德拉斯 1987:1987 年在马德拉斯安娜大学举行的国际拉马努金百年纪念大会会议记录	2020—06	68.00	1150
解析数论:1988 年在东京举行的日法研讨会会议记录	2020—06	68.00	1151
解析数论:2002 年在意大利切特拉罗举行的 C. I. M. E. 暑期班演讲集	2020—06	68.00	1152
量子世界中的蝴蝶:最迷人的量子分形故事	2020—06	118.00	1157
走进量子力学	2020—06	118.00	1158
计算物理学概论	2020—06	48.00	1159
物质,空间和时间的理论:量子理论	即将出版		1160
物质,空间和时间的理论:经典理论	即将出版		1161
量子场理论:解释世界的神秘背景	2020—07	38.00	1162
计算物理学概论	即将出版		1163
行星状星云	即将出版		1164
基本宇宙学:从亚里士多德的宇宙到大爆炸	2020—08	58.00	1165
数学磁流体力学	2020—07	58.00	1166
计算科学:第 1 卷,计算的科学(日文)	2020—07	88.00	1167
计算科学:第 2 卷,计算与宇宙(日文)	2020—07	88.00	1168
计算科学:第 3 卷,计算与物质(日文)	2020—07	88.00	1169
计算科学:第 4 卷,计算与生命(日文)	2020—07	88.00	1170
计算科学:第 5 卷,计算与地球环境(日文)	2020—07	88.00	1171
计算科学:第 6 卷,计算与社会(日文)	2020—07	88.00	1172
计算科学.别卷,超级计算机(日文)	2020—07	88.00	1173
代数与数论:综合方法	即将出版		1185
复分析:现代函数理论第一课	2020—07	58.00	1186
斐波那契数列和卡特兰数:导论	即将出版		1187
组合推理:计数艺术介绍	2020—07	88.00	1188
二次互反律的傅里叶分析证明	2020—07	48.00	1189
旋瓦兹分布的希尔伯特变换与应用	2020—07	58.00	1190
泛函分析:巴拿赫空间理论入门	即将出版		1191
卡塔兰数入门	2019—05	68.00	1060
测度与积分	2019—04	68.00	1059
组合学手册.第一卷	2020—06	128.00	1153
*一代数、局部紧群和巴拿赫*一代数丛的表示.第一卷,群和代数的基本表示理论	2020—05	148.00	1154
电磁理论	2020—08	48.00	1193
连续介质力学中的非线性问题	2020—09	78.00	1195

联系地址:哈尔滨市南岗区复华四道街 10 号　哈尔滨工业大学出版社刘培杰数学工作室
网　　址:http://lpj.hit.edu.cn/
邮　　编:150006
联系电话:0451—86281378　　13904613167
E-mail:lpj1378@163.com